# 城市高分辨率大气污染源排放清单编制技术方法与应用实例

孙 韧 等 编著

中国环境出版社·北京

图书在版编目（CIP）数据

城市高分辨率大气污染源排放清单编制技术方法与应用
实例/孙韧等编著. —北京：中国环境出版社，2016.4
ISBN 978-7-5111-2747-1

①城… Ⅱ. ①孙… Ⅲ. ①城市－高分辨率－空气污染
－污染源－统计－中国 Ⅳ. ①X51

中国版本图书馆 CIP 数据核字（2016）第 056558 号

| | |
|---|---|
| 出 版 人 | 王新程 |
| 责任编辑 | 季苏园　宋慧敏 |
| 责任校对 | 尹　芳 |
| 封面设计 | 岳　帅 |

出版发行　中国环境出版社
　　　　　（100062　北京市东城区广渠门内大街 16 号）
　　　　　网　　址：http://www.cesp.com.cn
　　　　　电子邮箱：bjgl@cesp.com.cn
　　　　　联系电话：010-67112765（编辑管理部）
　　　　　发行热线：010-67125803，010-67113405（传真）

| | |
|---|---|
| 印　　刷 | 北京中科印刷有限公司 |
| 经　　销 | 各地新华书店 |
| 版　　次 | 2016 年 4 月第 1 版 |
| 印　　次 | 2016 年 4 月第 1 次印刷 |
| 开　　本 | 787×960　1/16 |
| 印　　张 | 13.75 |
| 字　　数 | 230 千字 |
| 定　　价 | 48.00 元 |

# 本书编委会

主　编: 孙　韧

副主编: 邓小文　冯银厂　张　震

编　委: 高　翔　张　骥　毕晓辉　孙　猛　徐　媛

　　　　展先辉　刘茂辉　赵吉睿　尹彦勋　刘佳泓

　　　　郑　涛　李立伟

# 目　录

# 第1章 绪 论

## 1.1 大气污染源排放清单

随着我国城市化和工业化水平的逐步提升,大气污染区域性和复合型特点日益凸显。越来越多的人类活动集中在能源使用和工业活动集中的京津冀、长三角、珠三角等地区,城市群区域释放大量的污染物。多种污染物之间互相反应,外来输送源与本地源综合,复合影响大气环境质量,大气污染呈现出高度的复合性、压缩性、复杂性。

大气污染特征对区域大气污染综合防治提出了更高要求,需要从环境整体出发,对区域大气污染形成及迁移、转化过程进行深入了解,在综合考虑各类污染源排放状况的基础上,对影响环境空气质量的多种因素系统分析,建立科学合理的防治对策,以期改善环境空气质量。而这一过程,只有在摸清各类污染源的污染物排放特征及定量表征的基础上,才能得以实施。针对大气污染防治过程中对污染物排放源特征识别和量化的需求,大气污染源排放清单能够提供有效的解决方案。

大气污染源排放清单,是集合了不同大气污染源排放的不同污染物信息的数据库,是一定区域内各种大气污染源在特定时期内排放到大气中的不同污染物的排放量列表。按照排放源的性质,可以将排放源清单分为天然源排放清单和人为源排放清单;根据污染物的不同,可以分为二氧化硫、氮氧化物、颗粒物、挥发性有机物、氨、一氧化氮等排放源清单;而按照覆盖地域尺度划分,污染源排放清单可分为全球排放源清单、国家排放源清单、区域排放源清单和城市排放源清单。

其中,城市尺度排放源清单多采用"自下而上"的估算方式,对污染源排放终端的排放信息分别进行统计，可实现污染源排放清单的高分辨率和高精确性，从而有效地服务于城市污染防治控制和空气质量改善，在城市环境管理中具有无可比拟的作用。

## 1.2    大气污染源排放清单发展与现状

### 1.2.1    国外清单发展与现状

大气污染源排放清单是不同大气污染源排放的不同污染物信息的集合，是进行环境影响评价工作的有效工具，是进行环境空气质量数值模拟研究的基础数据，对区域环境空气质量的研究具有关键性的作用。伴随着大气污染问题的出现，源排放清单的相关研究工作在国外得到较早的开展，且在发展过程中，逐步系统化、流程标准化，实现了不同部门和人员的研究和使用，其中尤以欧美国家的研究工作为代表。如美国国家环境保护局建立的国家排放清单（National Emissions Inventory）和温室气体排放清单（National Greenhouse Gas Emissions Data），欧洲环境署建立的多污染物排放清单（EMEP-EEA Air Pollutant Emission Inventory），英国国家排放清单（UK NAEI-National Atmospheric Emissions Inventory），这些清单基本包括了所有常规污染物。

欧美地区相关政府机构或研究组织为各类污染物排放清单建立了统一的排放源分类系统，利用规范的源分类编码技术，开展一定时间和空间上的污染物排放定量表征研究。并以此为基础，利用本地区详实的测试数据及统计资料，建立了基于排放源分类的化学成分谱数据库、活动水平数据库、本地排放因子数据库[如美国的 AP-42 因子库（环境保护部，2014）和欧盟的 CORINAIR 因子库（环境保护部，2014）]等。

USEPA 在开展了大量研究工作的基础上，于 1996 年编制和发布了大气污染物排放因子 AP-42 手册，并每年进行完善更新。在此基础上，EPA 于 1993 年制定了排放源清单改进计划（Emission Inventory Improvement Program，EIIP），以对各级排放源数据的收集、计算、存储、报告、共享等标准化过程进行统筹，促使排放源清单的建立更加标准化、规范化。基于排放源清单改进计划的框架，USEPA

编制了国家排放源清单，建立了国家排放源清单数据库。

自 1980 年欧洲开展排放源清单编制工作以来，EEA 进行了大量的排放源清单编制研究工作，并发布了清单编制指南，指导欧洲排放源清单编制工作。并在此基础上，编制了 1980—2005 年欧洲国家排放源清单，并每年动态更新。并经过一系列政策研究，最终提出了欧洲区域污染物排放控制计划，为欧洲区域空气质量改善提供了科学依据。

## 1.2.2 我国清单发展与现状

我国清单编制研究工作开展较晚，目前尚未开展系统性的国家及地方清单编制工作。随着区域复合型污染的日益显著、区域重污染天气的频繁发生，高分辨率大气污染源排放清单的开发得到进一步关注，本地化参数测试等清单编制基础工作陆续开展，并逐步开发基于技术信息和设备信息的高技术、高分辨率排放源清单。

贺克斌等（2003）建立了一套城市大气污染源排放清单技术方法，并开发了北京市 $PM_{10}$、$SO_2$、$NO_x$ 1 km×1 km 网格化排放源清单；郑君瑜等（2009）估算了珠江三角洲地区 2006 年大气面源污染物的排放清单，并利用 2006 年珠江三角洲人口分布栅格数据作为代用空间分配权重因子，建立了该地区大气面源 3 km×3 km 的 $SO_2$、$NO_x$、$PM_{10}$ 和 VOCs 网格化排放清单；杨杨等（2013）根据珠江三角洲地区印刷行业活动数据，采用不锈钢罐采样-气质联用技术，获取了印刷工艺 VOCs 成分谱，建立了珠江三角洲地区 2010 年印刷行业 VOCs 组分排放清单，并研究了不同工艺排放的臭氧生成潜势；杨利娴（2012）结合我国工业源 VOCs 排放时间系数对我国 1980—2010 年的工业源 VOCs 排放量进行了估算，并利用 GIS 工具进行空间分析，建立了我国 50 km×50 km 的网格化排放清单，在此基础上对我国工业源 VOCs 排放趋势进行了预测；魏巍（2009）在建立我国 4 级排放源活动水平的系统高分辨率 VOCs 排放清单基础上，完成了排放清单不确定性定量分析模型，并依此形成了 VOCs 高分辨率排放清单的编制技术方法。

2015 年，环保部发文要求，包括北京、天津、上海在内的 14 个城市开展城市高分辨率排放源清单编制试点工作，并于 2015 年年底进行了验收。清单编制试点工作的开展，进一步摸索清单编制技术方法和实施方案，为我国清单编制工作的系统性开展做出了突破性试探，为清单编制工作的全面开展、业务化开展奠定了良好基础。

## 1.3 本书写作目的与内容框架

如本章所述，城市高分辨率大气排放源清单编制是一项涉及众多学科理论和研究方法领域的高度复杂系统工程。涉及排放源分类体系构建、定量表征方法体系构建、本地化数据库构建、时空分配方法与技术开发、清单不确定性分析及清单处理系统构建等多领域的内容。

同时，由于我国目前面临的严峻大气复合污染形势，利用空气质量模型所开展的大气污染成因及转化机制研究、空气质量预警预报、污染防治对策研究等在环境空气质量改善中发挥着无可替代的作用。而大气污染源排放清单作为空气质量模型的重要输入文件，其本身的可靠性是影响模型模拟不确定性的重要因素。在此情形下，如何提高清单的准确性、分辨率、可靠性，便成为改善空气质量模型模拟性能的重要手段和方法。

而我国现阶段对清单整体认识尚有不足，清单编制技术方法储备及高水平清单编制团队、人员的匮乏，使得清单编制工作的全面系统化开展障碍重重。鉴于上述情况，作者研究团队从城市高分辨率清单编制工作的实际情况出发，对清单编制的技术方法、数据获取实施、本地化工作开展、业务化清单编制平台开发等方面的经验进行总结，以期对城市高分辨率清单编制工作的开展提供示范指导和参考，为系统性清单编制工作的开展提供帮助。

本书架构如下：第 2 章对排放源分类体系的构建及各排放源的污染排放量表征测算方法进行介绍；第 3 章根据实际编制经验，对污染源活动水平的获取途径及实地调查实施的开展进行介绍；第 4 章对现有排放因子及成分谱数据的收集情况进行介绍，并重点介绍颗粒物、VOCs 本地化测试方法体系；第 5 章对城市高分辨率大气污染源排放清单平台开发及应用情况进行介绍；第 6 章以北方某城市大气污染源排放清单建立为案例，对清单编制技术体系和工作实施进行详细介绍；第 7 章中，作者对城市高分辨率排放清单的发展做出建议和展望。

# 第 2 章　大气污染源分类及排放量估算

## 2.1　固定燃烧源

固定燃烧源是指利用燃料燃烧时产生热量，为发电、工业生产和生活提供热能和动力的燃烧设备。

### 2.1.1　固定燃烧源分类体系

现有的较为系统规范的排放源分类和编码体系大多采用三级或四级的分类方式，而国民经济行业分类标准中对经济活动的划分也是采用四级分类结构，结合区域内可获取的排放源信息的详细程度，排放源清单建立和应用的数据需求以及排放源分类代码编制和使用特点，确定固定燃烧源分类体系的四级分类结构。

固定燃烧源第二级分类按照能源使用部门进行划分，主要分为电力、供暖、工业和民用；第三级分类按照燃料类别进行划分，包括燃煤、燃油、燃气等其他燃料；第四级分类按照燃烧设备和控制技术进行分类（见表 2.1）。

### 2.1.2　固定燃烧源污染物排放量核算方法

固定燃烧源污染物排放量核算方法包括在线监测、手工监测、排放因子法、物料衡算法四种方法。排放量核算方法选择原则见图 2.1。由于在线监测系统（CEMS）能实时反映该污染源的长期连续排放状况，原则上应优先采用在线监测法核算其排放量。在无可靠 CEMS 数据的情况下，如果掌握某污染源长期、多次正常工作状态的手工监测排放数据时，则应采用手工监测法核算其排放量。缺乏在线及手工监测数据的情况下，推荐采用排放因子法核算其排放量。

表 2.1  固定燃烧源识别及分级

| 第一级 | 第二级 | 第三级 | 第四级 |
|---|---|---|---|
| 固定燃烧源 | 电力 | 燃煤 | 煤粉炉 |
| | | | 层燃炉 |
| | | | 流化床炉 |
| | | | 不分技术 |
| | | 燃气 | 燃气锅炉 |
| | | | 不分技术 |
| 固定燃烧源 | 电力 | 燃油 | 燃油锅炉 |
| | | | 不分技术 |
| | 供暖 | 燃煤 | 煤粉炉 |
| | | | 层燃炉 |
| | | | 流化床炉 |
| | | | 不分技术 |
| | | 燃气 | 燃气锅炉 |
| | | | 不分技术 |
| | | 燃油 | 燃油锅炉 |
| | | | 不分技术 |
| | 工业 | 燃煤 | 煤粉炉 |
| | | | 层燃炉 |
| | | | 流化床炉 |
| | | | 不分技术 |
| | | 燃气 | 燃气锅炉 |
| | | | 不分技术 |
| | | 燃油 | 燃油锅炉 |
| | | | 不分技术 |
| | 民用 | 燃煤 | 自动炉排层燃炉 |
| | | | 手动炉排层燃炉 |
| | | | 传统炉灶 |
| | | | 先进炉灶 |
| | | 燃气 | 不分技术 |

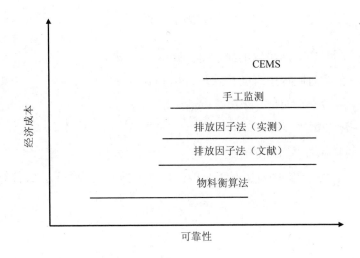

**图 2.1　排放量核算方法选择原则**

## 1. 在线监测法

在线监测法可实时反映污染源排放状况，对固定燃烧源安装使用符合《固定污染源烟气排放连续监测技术规范（试行）》（HJ/T 75—2007）和《固定污染源烟气排放连续监测系统技术要求及检测方法（试行）》（HJ/T 76—2007）要求的烟气排放连续监测系统并对烟气排放进行连续的、实时的跟踪测定。如电站锅炉、单台锅炉大于 40 蒸吨或 20 蒸吨以上的燃煤锅炉等国控或市控企业。根据实时测定的正常运行工况下的烟气流量数据、大气污染物（烟尘、$SO_2$、$NO_x$）折算排放浓度数据计算实时排放量数据，并按不同时间要求累计计算得到该污染源大气污染物（烟尘、$SO_2$、$NO_x$）日、月、季度或年排放量的方法。

由于烟气排放连续监测系统监测的为烟尘排放量，可根据在线监测烟尘排放量和 $PM_{10}$、$PM_{2.5}$ 占总颗粒物的比例计算 $PM_{10}$、$PM_{2.5}$ 的排放量。

1）排放量计算公式

（1）单位时间内排放量计算。

根据实时跟踪监测数据计算得到的烟尘或气态污染物（$SO_2$、$NO_x$）的排放量按以下公式计算：

$$G = Q \times C \times T \times 10^{-6} \tag{2-1}$$

式中：$G$——烟气中某污染物的排放量，kg；

$Q$——单位时间内废气的排放量，标 $m^3/h$；

$C$——某污染物的折算浓度，mg/标 $m^3$；

$T$——污染物排放时间，h。

（2）年排放量计算。

烟气或气态污染物（$SO_2$、$NO_x$）日、月或年排放量按以下公式计算：

$$G_d = \sum_{i=1}^{24} G_{hi} \times 10^{-3} \tag{2-2}$$

$$G_m = \sum_{i=1}^{31} G_{di} \tag{2-3}$$

$$G_y = \sum_{i=1}^{12} G_{mi} \tag{2-4}$$

式中：$G_d$——烟气或气态污染物日排放量，t/d；

$G_m$——烟气或气态污染物月排放量，t/月；月均值应为 1 月内不少于锅炉运行时间（按小时计）75%有效小时均值的算术平均值。

$G_y$——烟气或气态污染物年排放量，t/a；

$G_{hi}$——该天中第 $i$ h 烟尘或气态污染物排放量，kg/h；小时值应为 1 h 内不少于 45 min 的有效数据的算术平均值；

$G_{di}$——该月中第 $i$ 天的烟尘或气态污染物排放量，t/d；日均值应为不少于锅炉运行时间（按小时计）75%有效小时均值的算术平均值；

$G_{mi}$——第 $i$ 月的烟尘或气态污染物排放量，t/月；月均值应为 1 月内不少于锅炉运行时间（按小时计）75%有效小时均值的算术平均值。

2）数据要求

在线监测数据包括污染源逐时的标态烟气量、烟气温度、烟气含氧量以及颗粒物、二氧化硫、氮氧化物折算浓度、排放量等数据。

（1）数据有效性审核。

污染源自动监测数据符合 HJ/T 75—2007、HJ/T 76—2007 要求的方为有效性数据。

数据有效性审核工作包括对比监测和现场核查。其中对比监测包括：废气污染物浓度、氧含量、流量和烟温对比。现场核查包括：制度执行情况和设备运行情况。制度执行情况包括：设备操作、使用和维护保养记录；运行、巡检记录；定期校准、校验记录；标准物质和易耗品定期更换记录；设备故障状况及处理记录。设备运行情况包括：仪器参数设置；设备运转率、数据传输率；缺失、异常数据的标记和处理；污染物的排放浓度、流量、排放总量的小时数据及统计报表（日报、月报、季报）。

审核结果判定为：相关制度执行情况以及各类报表等不完善的，要求限期整改；对比监测结果不满足相关类别标准的，判定为有效性审核不合格；擅自更改自动监测设备参数设定的，判定为有效性审核不合格；没有提交自动监测设备日常运行自检报告的，判定为有效性审核不合格。

（2）缺失数据的处理。

烟气 CEMS 故障期间、维修期间、失控时段、参比方法替代时段以及有计划地（质量保证/质量控制）维护保养、校准、校验等时间段均为烟气 CEMS 缺失数据时段。对缺失的数据应按《固定污染源烟气排放连续监测技术规范（试行）》（HJ/T 75—2007）的要求进行处理。

**2. 手工监测法**

手工监测法是根据一定样本量的某污染源正常工况下（一般负荷要求在 75% 以上）大气污染物现场实测得到的大气污染物折算排放浓度数据的算术平均值（包括运行负荷、烟气氧含量、大气污染物排放浓度、烟气流量等），再乘以污染源活动水平数据（即年标态烟气量等数据）来计算大气污染物排放量的方法，该方法适用于具有长期、多次正常工作状态实测排放数据的某固定燃烧源污染物排放量的核算，同时可结合排污系数法对其排放量数据进行校核。

采用《固定污染源排气中颗粒物测定与气态污染物采样方法》（GB/T 16157—1996）推荐的颗粒物采样方法时，由于监测的是烟尘浓度，可根据手工监测得到的烟尘排放量和 $PM_{10}$、$PM_{2.5}$ 占总颗粒物的比例计算 $PM_{10}$、$PM_{2.5}$ 的排放量。

1）排放量计算公式

根据现场监测得到的大气污染物折算排放浓度数据的算术均值计算得到的烟

尘或气态污染物（$SO_2$、$NO_x$）的排放量按以下公式计算：

$$G=Q×C×T×10^{-6} \qquad (2-5)$$

式中：$G$——烟气中某污染物的排放量，kg；

$\quad\quad Q$——单位时间内废气的排放量，标 $m^3/h$；

$\quad\quad C$——某污染物的折算浓度，mg/标 $m^3$；

$\quad\quad T$——污染物排放时间，h。

2）数据要求

实测数据来源包括监督监测数据、验收监测数据、委托监测数据和企业自测数据，对不同来源实测数据的要求如下：

（1）监督监测数据认定要求为：近 3 年内，由区（县）及以上环保部门按照监测技术规范要求进行监督监测得到的数据，并且经实地核查，企业 3 年内生产工艺和治污设施没有发生明显变化且运行状况良好。废气污染物年监测数据达到 2 次以上，并且任意 2 次监测数据不能在同一个月，任意 3 次监测数据不能在同一个季度。监测项目和监测分析方法符合规范要求。

（2）验收监测数据认定要求为：近 3 年内，区（县）及以上环保部门对新建项目、限期治理项目进行验收监测得到的数据，并且经实地核查，新建或限期治理项目 3 年内生产工艺和治污设施没有发生明显变化且运行状况良好。

（3）委托监测数据认定要求为：近 3 年内，区（县）及以上环保部门受企业委托出具的监测数据，并且经实地核查，企业 3 年内生产工艺和治污设施没有发生明显变化且运营状况良好。废气污染物年监测频次达到 2 次以上，并且任意 2 次监测数据不能在同一个月，任意 3 次监测数据不能在同一个季度。监测项目和监测分析方法符合规范要求。

（4）企业自测数据认定要求为：具有当地区（县）及以上环保部门认可的环境监测资质机构出具的本企业近 3 年的监测数据。废气污染物年监测频次达到 2 次以上，并且任意 2 次监测数据不能在同一个月，任意 3 次监测数据不能在同一个季度。监测项目和监测分析方法符合规范要求。企业自测数据必须通过当地区（县）及以上环保监测部门质量审核及认可。

### 3. 排放因子法

排放因子法是根据排污系数以及相应的活动水平核算污染物排放量的方法，是多数固定燃烧源适用的方法。采用排放因子法核算污染物排放量时，如果核算的是未经污染处理设施处理过的排放量，则使用"产污系数"；如果是经过处理设施处理过的排放量，则使用"排污系数"。当某些固定燃烧源，尤其是民用燃烧源无任何处理设施时，排污系数即为产污系数。

1）产污系数

利用产污系数进行污染物排放量核算的公式如下：

$$E_X = A \times EF \times (1 - C \times RE) \tag{2-6}$$

式中：$E_X$——污染物排放量；

　　　$A$——活动水平；

　　　EF——产污系数；

　　　$C$——捕集效率×控制效率（以%表示）；当无处理设施时 $C$ 等于 0；

　　　RE——设施投运率，是对 $C$ 值的调整，考虑实际控制装置可能遇到的失效和各种不确定性的问题。

2）排污系数

利用排污系数进行污染物排放量核算的公式如下：

$$E_X = A \times EF \times RE \tag{2-7}$$

式中：$E_X$——污染物排放量；

　　　$A$——活动水平；

　　　EF——排污系数；

　　　RE——设施投运率。

采用《固定污染源排气中颗粒物测定与气态污染物采样方法》（GB/T 16157—1996）推荐的颗粒物采样方法时，由于监测的是烟尘浓度，可根据手工监测得到的烟尘排放量和 $PM_{10}$、$PM_{2.5}$ 占总颗粒物的比例计算 $PM_{10}$、$PM_{2.5}$ 的排放量。

### 4．物料衡算法

燃煤工业锅炉及小煤炉的烟尘及 $SO_2$ 排放量可采用物料核算法核算，需要获取燃煤收到基灰分含量、燃煤收到基硫分含量、燃煤量、除尘器除尘效率、脱硫装置脱硫效率等数据。由于物料衡算法计算得到的是烟尘排放量，可根据监测得到的烟尘排放量和 $PM_{10}$、$PM_{2.5}$ 占总颗粒物的比例计算 $PM_{10}$、$PM_{2.5}$ 的排放量。排放量计算公式如下。

1）烟尘

依据《燃煤锅炉烟尘和二氧化硫排放总量核定技术方法—物料衡算法（试行）》（HJ/T 69—2001），烟尘产污系数按以下公式计算：

$$K'_C=10×A_{ar}×a_{fh}/（1-0.01C_{fh}）\tag{2-8}$$

式中：$K'_C$——烟尘产污系数，kg/t；

$A_{ar}$——燃煤收到基灰分含量，%；按《煤的工业分析方法》（GB/T 212—2008）测定；

$a_{fh}$——烟尘中的灰量占入炉煤总灰量的重量份额，层燃炉和小煤炉取 0.1；

$C_{fh}$——烟尘中固定碳含量的百分数，%；层燃炉和小煤炉取 30。

依据《燃煤锅炉烟尘和二氧化硫排放总量核定技术方法—物料衡算法（试行）》（HJ/T 69—2001），烟尘排污系数按下述公式计算：

$$K_C=K'_C×（1-0.01\eta_c）\tag{2-9}$$

式中：$K_C$——烟尘排污系数，kg/t；

$\eta_C$——除尘器的除尘效率，%；

依据《燃煤锅炉烟尘和二氧化硫排放总量核定技术方法—物料衡算法（试行）》（HJ/T 69—2001），烟尘排放总量计算如下：

$$G_C=B×K_C\tag{2-10}$$

式中：$G_C$——烟尘月、季或年排放量，kg；

$B$——锅炉或小煤炉的月、季或年燃煤消耗量，t；

2）SO$_2$

依据《燃煤锅炉烟尘和二氧化硫排放总量核定技术方法—物料衡算法（试行）》（HJ/T 69—2001），SO$_2$ 产污系数计算如下：

$$K'_{SO_2}=0.2\times S_{ar}\times P \qquad\qquad (2\text{-}11)$$

式中：$K'_{SO_2}$——SO$_2$ 产污系数，kg/t；

　　　$S_{ar}$——燃煤收到基硫分含量，kg/t；按《煤的工业分析方法》（GB/T 212—2008）测定；

　　　$P$——燃煤中硫的转化率，%（一般取 80）。

依据《燃煤锅炉烟尘和二氧化硫排放总量核定技术方法—物料衡算法（试行）》（HJ/T 69—2001），SO$_2$ 排污系数计算如下：

$$K_{SO_2}= K'_{SO_2}\times（1\text{-}0.01\,\eta_{SO_2}） \qquad\qquad (2\text{-}12)$$

式中：$K_{SO_2}$——SO$_2$ 排污系数，kg/t；

　　　$\eta_{SO_2}$——脱硫装置的脱硫效率，%。

依据《燃煤锅炉烟尘和二氧化硫排放总量核定技术方法—物料衡算法（试行）》（HJ/T 69—2001），SO$_2$ 排放总量计算如下：

$$G_{SO_2}=BK_{SO_2} \qquad\qquad (2\text{-}13)$$

式中：$G_{SO_2}$——烟尘月、季或年排放量，kg；

　　　$B$——锅炉或小煤炉月、季或年燃煤消耗量，t。

## 2.2　工业过程源

工艺过程源是指在工业生产和加工过程中，伴随原料物理化学变化，而向大气排放污染物的行为。相比其他排放源，工业过程源具有种类繁多、排放特征复杂、排放源分散、无组织排放量大的特征。

由于工业过程源涉及工业生产行业众多，各行业生产工艺及原辅料使用差异明显，导致各污染源污染物种类、排放特征不尽相同。例如，以石油和石油制品为原料的石油制品制造业、有机化学原料制造业及合成材料制造业主要排放污染物为 VOCs；以金属矿石为原料的黑色金属冶炼业及有色金属冶炼业主要排放污染物为颗粒物、$SO_2$、$NO_x$、CO；以硅酸盐等为原料的非金属矿物制品制造业主要排放污染物为颗粒物、$SO_2$、$NO_x$。即使同一工业行业，由于生产工艺的不同，污染源排放节点、排放强度、排放组分也会千差万别。例如，同为平板玻璃制造有浮法平板玻璃和垂直引上平板玻璃生产工艺；同为水泥熟料生产有立窑、旋窑、新型干法生产工艺；同为泡沫塑料生产有物理发泡、化学发泡、机械发泡工艺，污染物排放差异较大。

为保证污染源分类的规范性、适用性，调查和控制工作开展的可行性，以及数据的可获取性和数据统计口径的一致性，建议以国民经济行业分类和产品统计目录作为主要依据，按照行业分类、产品分类和工艺分类分别对工业过程源的二级到四级进行划分。如表 2.2 所示。

表 2.2　工业过程源一级至四级排放源分类思路

| 一级排放源 | 二级排放源 | 三级排放源 | 四级排放源 |
|---|---|---|---|
| 工业过程源 | 无机基础化学原料 | 产品类型 | 生产工艺 |
| | 有机化学原料 | 产品类型 | 生产工艺 |
| | 相关基础化学品 | 产品类型 | 生产工艺 |
| | 化学制品：化肥及农药 | 产品类型 | 生产工艺 |
| | 化学制品：涂料、油墨、颜料及染料 | 产品类型 | 生产工艺 |
| | 化学制品：合成材料 | 产品类型 | 生产工艺 |
| | 化学制品：肥皂及合成洗涤剂 | 产品类型 | 生产工艺 |
| | 食品及农副食品加工 | 产品类型 | 生产工艺 |
| | 饮料、酒及酒精 | 产品类型 | 生产工艺 |
| | 黑色金属冶炼和压延加工业 | 产品类型 | 生产工艺 |
| | 有色金属冶炼及压延产品 | 产品类型 | 生产工艺 |
| | 金属制品制造业 | 产品类型 | 生产工艺 |
| | 非金属矿物制品 | 产品类型 | 生产工艺 |
| | 非金属矿采选业 | 产品类型 | 生产工艺 |
| | 金属矿采选业 | 产品类型 | 生产工艺 |
| | 煤炭开采和洗选业 | 产品类型 | 生产工艺 |

| 一级排放源 | 二级排放源 | 三级排放源 | 四级排放源 |
|---|---|---|---|
| 工业过程源 | 石油和天然气开采业 | 产品类型 | 生产工艺 |
| | 精炼石油产品制造 | 产品类型 | 生产工艺 |
| | 纸制品及木制品 | 产品类型 | 生产工艺 |
| | 化学纤维制造 | 产品类型 | 生产工艺 |
| | 橡胶及塑料制品 | 产品类型 | 生产工艺 |
| | 纺织及皮革制品 | 产品类型 | 生产工艺 |
| | 电气机械及器材 | 产品类型 | 生产工艺 |
| | 交通运输设备制造 | 产品类型 | 生产工艺 |
| | 各类通用、专用设备 | 产品类型 | 生产工艺 |
| | 医药制造业 | 产品类型 | 生产工艺 |
| | 其他制造业 | 产品类型 | 生产工艺 |

工业过程源污染物排放量估算，主要包括实测法、物料衡算法和排放因子法。其中，实测法主要适用于已安装污染源在线监测系统的重点企业。根据《大气污染防治行动计划实施情况考核办法（试行）实施细则》要求，目前，我国主要针对火电、钢铁、水泥、有色金属冶炼、平板玻璃等行业国控、省控重点工业企业开展了在线监测系统建设。对于安装烟气排放连续监测系统的企业，可参考《国控污染源排放口污染物排放量计算方法》，采用自动监测数据计算 $SO_2$、$NO_x$ 和颗粒物的有组织排放量，公式如下：

$$E = \sum_k C \times Q \times T \qquad (2\text{-}14)$$

式中：$E$——污染物排放量，kg；

　　　$k$——数量，个；

　　　$C$——污染物小时平均排放浓度，$kg/m^3$；

　　　$Q$——小时平均烟气排放量，$m^3/h$；

　　　$T$——总生产小时数，h。

物料衡算法需要对相应行业的每个生产工艺中各个环节的物料使用消耗情况、污染物排放情况和治理情况等进行调研，测算过程中存在调研数据庞大、部分数据难以获取、计算繁琐等问题，故不适用于石化、合成等复杂的化工过程。根据行业生产特点，物料衡算法主要适用于钢铁冶炼行业的烧结（球团）工艺、水泥熟料烧制工艺、玻璃烧制工艺等工艺相对简单且污染物排放以有组织排放形式为主的行业节点。

以烧结（球团）工序的 $SO_2$ 排放量物料衡算法测算为例，根据铁矿石和固体燃料（煤炭、焦）用量、含硫率和综合脱硫效率计算，如下：

$$E_{烧结} = \left( M \times S + M' \times S' \right) \times 1.7 \times \left( 1 - \eta \right) \tag{2-15}$$

式中：$E_{烧结}$——烧结工序 $SO_2$ 排放量，kg；

$M$——铁矿石使用量，t；

$S$——铁矿石平均硫分，kg/t；

$M'$——固体燃料使用量，t；

$S'$——固体燃料平均硫分，kg/t；

$\eta$——脱硫设施综合脱硫效率。

烧结机（球团设备）脱硫设施的综合脱硫效率为烧结机烟气收集率、已收集烟气脱硫效率及脱硫设施投运率之积。

因物料衡算法存在工作量大、计算繁琐的问题，故在清单编制工作中，大部分源普遍使用排放因子法。目前国内清单技术指南及参考文献所提供排放因子多数基于产品产量，测算公式如下：

$$E_i = \sum_{j,k} A_{j,k} \times \mathrm{EF}_{i,j,k} \times \left( 1 - \eta \right) \tag{2-16}$$

式中：$E_i$——污染物 $i$ 的排放量，kg；

$i$——污染物的类型；

$j$——产品类型；

$k$——第 $j$ 种产品的生产工艺流程；

$A_{j,k}$——第 $j$ 类产品第 $k$ 种工艺过程下的产量，t；

$\mathrm{EF}_{i,j,k}$——生产第 $j$ 类产品第 $k$ 种工艺流程下的 $i$ 类污染物的排放因子；

$\eta$——工业企业对生产过程所安装控制设备的去除效率。

## 2.3　移动源

### 2.3.1　道路移动源分类及排放量估算

#### 1．道路移动源分类

基于排放特征的机动车环保分类体系是建立机动车排放因子数据库、排放模型以及生成排放清单等一系列研究工作的基础。建立基于机动车排放特征并满足机动车污染管理工作要求的机动车环保分类体系，主要是通过对现有的机动车和发动机的生产、销售数据的收集整理，及对我国公安机关交管部门、环保部、交通部的机动车分类方法的整理分析，建立基于机动车排放特征的车型分类数据库，使其具有和我国现有交通管理数据库的可兼容性。按车型分为载客汽车、载货汽车、三轮车、摩托车，其中载客汽车又可以分为微型车、小型车、中型车、大型车，载货汽车又可以分为微型货车、轻型货车、中型货车、重型货车、低速载货汽车；按燃料类型又可以分为汽油车、柴油车、其他车；按排放标准又可以分为国Ⅰ前、国Ⅰ、国Ⅱ、国Ⅲ、国Ⅳ、国Ⅴ。

#### 2．道路移动源排放量估算

利用 GIS 提供的空间分析和模拟的手段对主要道路按城市规划、道路等级、机动车行驶工况特征来进行筛选和切分，建立高分辨率道路动态排放清单的路网层。在建立天津市机动车排放因子数据库的基础上，结合活动水平调查结果，使用自下而上的方法，利用自主开发的"区域道路机动车排放清单模型"，建立具有高时空解析度的道路机动车排放清单，核定各污染物排放量。

道路移动源排放量计算公式如下：

$$Q_{p,i,j} = \sum_c \left( \mathrm{EF}_{p,c,v} \times \mathrm{VT}_{c,i,j} \times L_i \right) \tag{2-17}$$

式中：$Q_{p,i,j}$——时间段 $j$ 机动车污染物 $p$ 在道路 $i$ 的排放量，g/h；

　　　$\mathrm{EF}_{p,c,v}$—— $c$ 类机动车污染物 $p$ 在速度 $v$ 下的排放因子，g/（km·辆）；

$\text{VT}_{c,i,j}$——机动车在时间段 $j$ 内在道路 $i$ 的车流量，辆/h；

$L_i$——道路 $i$ 的长度，km。

## 2.3.2 非道路移动源分类及排放量估算

### 1. 非道路移动机械（non-road mobile machinery）

因市场保有量少，非道路移动机械的尾气污染问题一直未能引起重视，直到其逐渐成为重要的大气污染源。美国 EPA 公布：2000 年道路车辆与非道路移动机械总排放量中，CO 的 37%、碳氢化合物的 50%、$NO_x$ 的 41% 和 PM 的 66% 来自非道路移动机械。中国 2008 年全国非道路柴油机排放 $NO_x$ 污染物 346 万 t，占非道路柴油机和道路机动车 $NO_x$ 污染物排放总量的 38%。张强等（2006）估算的我国 2001 年人为源颗粒物排放清单中，道路移动源 TSP 排放量为 12.3 万 t，非道路移动源为 17.8 万 t。可见非道路移动源已逐渐成为影响空气质量的重要贡献源。

非道路移动机械指装配有发动机的，既能自驱动又能进行其他功能操作的机械（或者不能自驱动，但被设计成能够从一个地方移动或被移动到另一个地方）和不以道路客运或货运为目的的车辆。非道路移动源按发动机类型分为压燃式与小型点燃式（净功率不大于 19 kW 或工作容积不大于 1 L）；依据《非道路移动机械用柴油机排气污染物排放限值及测量方法（中国第三、四阶段）》（GB 20891—2014）及《非道路移动机械用小型点燃式发动机排气污染物排放限值与测量方法（中国第一、二阶段）》（GB 26133—2010），按用途可分为农业、林业、工程、工业钻探、材料装卸机械、雪犁、机场地勤设备、发电机组、手持小型通用机械（操作者在使用过程中应支撑、携带或用姿态控制该设备，连同设备质量不大于 21 kg，或用于发电机或泵的发动机）、非手持小型通用机械（不满足于手持条件的通机）和其他等 10 类以上。按照销售日期，又可以分为国 I 前、国 I、国 II、国III、国IV。

参考《中华人民共和国大气污染防治法》（2015 年修订），结合《非道路移动机械用柴油机排气污染物排放限值及测量方法（中国第三、四阶段）》（GB 20891—2014）和《非道路移动机械用小型点燃式发动机排气污染物排放限值与测量方法（中国第一、二阶段）》（GB 26133—2010），确定非道路移动机械的共有大气污染物测定项目包括：一氧化碳（CO）、氮氧化物（$NO_x$）、碳氢化合物（HC）、二氧化硫（$SO_2$）、可吸入颗粒物（$PM_{10}$）和细颗粒物（$PM_{2.5}$）。

二氧化硫（$SO_2$）的排放量根据非道路移动源燃油中硫含量，采用物理衡算法进行计算，公式为：

$$E = 2 \times Y \times S \times 10^{-6} \tag{2-18}$$

式中：$E$——非道路移动源 $SO_2$ 排放量，t；

　　　$Y$——燃油消耗量，g/kg；

　　　$S$——燃油硫含量，g/kg。

一氧化碳（CO）、氮氧化物（$NO_x$）、碳氢化合物（HC）、可吸入颗粒物（$PM_{10}$）和细颗粒物（$PM_{2.5}$）的清单计算方法依据测试非道路机械类别分为两种方法。

1）农业机械

由于农业机械缺乏详细的生产日期资料，且燃油消耗量数据齐全，因此基于其燃油消耗量进行排放清单的计算。其排放量的计算公式如下：

$$E = Y \times EF \times 10^{-6} \tag{2-19}$$

式中：$E$——CO、HC、$NO_x$、$PM_{10}$ 和 $PM_{2.5}$ 的排放量，t；

　　　$Y$——燃油消耗量，kg；

　　　EF——排放系数（指单位燃油消耗量或净功率的大气污染物排放量），g/kg。

2）工程机械

依据保有量和额定净功率计算的方法是三个方法中最复杂也是精度最高的方法，由于已知非道路移动机械的保有量、负载因子（发动机实际运转时的净功率与额定净功率的比值）及活动水平（指一定时间范围内以及在界定地区里，与某项大气污染物排放相关的生产或消费活动的量，如年均使用小时数、年均行驶里程等），达到了使用此法的条件，所以使用基于保有量和额定净功率的方法计算工程机械的污染物排放清单。计算公式如下：

$$E = \sum_j \sum_k \sum_n \left( P_{j,k,n} \times G_{j,k,n} \times LF_{j,k,n} \times hr_{j,k,n} \times EF_{j,k,n} \right) \times 10^{-6} \tag{2-20}$$

式中：$E$——CO、HC、$NO_x$、$PM_{10}$ 和 $PM_{2.5}$ 的排放量，t；

　　　　$j$、$k$、$n$——非道路移动机械的类别（二级分类）、排放阶段（四级分类）
　　　　　　　　　和功率段（三级分类）；

　　　　$P$——保有量，台；

　　　　$G$——平均额定功率，kW/台；

　　　　LF——负载因子；

　　　　hr——年均使用小时数（某类非道路移动源在调查目标年使用小时数的平
　　　　　　　均值），h；

　　　　EF——污染物排放系数，g/（kW·h）。

3）船舶

船舶的大气排放物主要由发动机燃料燃烧所产生。考虑到船舶发动机排气污
染物对人体健康和环境的影响分析，船舶排放的大气污染物主要含有一氧化碳
（CO）、碳氢化合物（HC）、氮氧化物（$NO_x$）、颗粒物（PM）等。对二氧化硫（$SO_2$）
的控制通过控制船舶使用的燃料来实现。船舶排放的 $NO_x$ 和 $SO_2$ 在大气中通过
物理化学反应转化生成二次的硝酸盐、硫酸盐等，也是重要的船舶源污染物。

船舶源清单模型有多种，其计算方法、选择参数各有不同，按照所基于的
数据库，参考环保部《非道路移动源大气污染物排放清单编制技术指南（试行）》
及 Corbett（2003）的清单编制方法，选用基于燃油消耗量的排放因子法。

（1）内河及沿海船舶。

基于船舶的燃料消耗统计，根据统计数据得到各类型船舶的燃料消耗水平，
同时假定发动机设备保持在正常工作状态，获取某一类型船舶的平均排放因子，
然后将燃料消耗量乘以平均排放因子得到船舶排放总量。研究基于燃油消耗的计
算方法具体思路是：

$$E_p = EF \times C_f \tag{2-21}$$

式中：$E_p$——某种污染物排放量，t/a；

　　　　$p$——污染物种类；

　　　　EF——该污染物的排放因子，g/L；

　　　　$C_f$——燃油消耗量，$10^6$ L/a。

由上式可以看出，污染物的排放因子是排放量计算中一个重要的参数。

$$C_f=(P_f+N_f\times W_a)\times R_f \tag{2-22}$$

式中：$C_f$——燃油消耗量，kg；

　　　$P_f$——港口货物吞吐量，万 t·km；

　　　$N_f$——旅客周转量，万人·km；

　　　$W_a$——公民平均体重，取公民平均体重为 65 kg；

　　　$R_f$——单位货物周转量的能耗，kg/（万 t·km）。

船舶 $SO_2$ 排放的估算采用物料衡算法，估算方法如下所示：

$$E = 2C_f\times S \tag{2-23}$$

式中：$E$——污染物的排放量，kg；

　　　$C_f$——总燃油消耗量，kg；

　　　$S$——燃油的含硫率。

（2）渔船。

由于渔船与其他类型船舶的活动特征差异明显，基于燃油消耗量的排放因子法进行估算，公式如下：

$$E_{i,j,n,m}= EF_{i,j,n,m}\times \sum R_{i,j,n}\times10^{-3} \tag{2-24}$$

式中：$i$、$j$、$n$、$m$——船舶类型、功率、作业方式和污染物种类；

　　　$E_{i,j,n,m}$——功率 $j$ 的第 $i$ 类渔船在第 $n$ 种作业方式下排放的 $m$ 类污染物总量，t/a；

　　　$R_{i,j,n}$——功率 $j$ 的第 $i$ 类渔船在第 $n$ 种作业方式下的耗油量，t/a；

　　　$EF_{i,j,n,m}$——对应的排放因子，kg/t。

4）民航飞机。

根据环保部《非道路移动源大气污染物排放清单编制技术指南（试行）》中的定义，飞机是指具有机翼和一具或多具发动机，靠自身动力能在大气中飞行的航空器，主要燃料为航空煤油，排放标准为国Ⅰ前。民航飞机排放的大气污染物包括 CO、HC、$NO_x$、$PM_{2.5}$、$PM_{10}$、$SO_2$ 等，其排放量与飞机型号、引擎类型、燃料的类型、引擎的排放特点、飞行高度、飞行次数和飞行的距离等多种因素密切相关。

根据环保部《非道路移动源大气污染物排放清单编制技术指南（试行）》，对于民航飞机，大气污染物排放量计算方法如下：

$$E = C_{\mathrm{LTO}} \times \mathrm{EF} \times 10^{-3} \tag{2-25}$$

式中：$E$——民航飞机的 CO、HC、$NO_x$、$PM_{2.5}$ 和 $PM_{10}$ 排放量，t；

　　　$C_{\mathrm{LTO}}$——民航飞机起飞着陆循环次数，次；

　　　LTO——起飞着陆循环（landing take-off cycle），包括起飞、爬升、进近和滑行；

　　　EF——排放系数，kg/次。

## 2.4　扬尘源

### 2.4.1　扬尘源识别与分类

扬尘源是指各种不经过排气筒，无组织、无规则排放的颗粒物排放源，具有源强不确定、排放随机和排放位置、类型不确定等特点。

扬尘源的第一级依据各源类的基本属性与排放特征进行分类，分为土壤扬尘源、施工扬尘源、道路扬尘源和堆场扬尘源四大类；第二级依据各子源类的主要类型进行分类；第三级依据各子源类的排放特性进行分类；第四级依据各子源类的精细化分类进行划分。表 2.3 给出了各类扬尘源的一级至三级分类。对于土壤扬尘源，还包括第四级分类：砂土可分为砂地和壤质砂土；壤土可分为壤土、沙壤土、砂质黏壤土、粉质壤土、黏壤土、粉砂质黏壤土和粉土；黏土可分为黏土、粉砂质黏土和砂质黏土。对于道路扬尘源，城市道路还可细分为快速路、主干道、次干道和支路。

表 2.3　扬尘源分类分级体系

| 第一级 | 第二级 | 第三级 |
|---|---|---|
| 土壤扬尘源 | 农田<br>荒地<br>裸露山体<br>滩涂<br>干涸河谷<br>未硬化或未绿化空地 | 砂土 |
| | | 壤土 |
| | | 黏土 |
| 道路扬尘源 | 铺装道路<br>未铺装道路 | 城市道路 |
| | | 公路 |
| | | 工业区道路 |
| | | 林区道路 |
| | | 乡村道路 |
| 施工扬尘源 | 城市市政基础设施建设<br>建筑物建造与拆迁<br>设备安装工程<br>装饰修缮工程 | 土方开挖 |
| | | 地基建设 |
| | | 土方回填 |
| | | 主体建设 |
| | | 装饰装修 |
| 堆场扬尘源 | 工业原料堆<br>建筑原料堆<br>工业固体废弃物<br>建筑渣土及垃圾<br>生活垃圾 | 装卸与输送 |
| | | 堆放 |

## 1. 土壤扬尘

　　土壤扬尘是指直接来源于裸露地面（如农田、裸露山体、滩涂、干涸的河谷、未硬化或绿化的空地等）的颗粒物在自然力或人力的作用下形成的扬尘。土壤扬尘的排放源分为农田、荒地、裸露山体、滩涂、干涸的河谷、未硬化或绿化的空地等 6 种土地利用类型，作为土壤扬尘的第一级分类。农田指经开垦耕种的土地；荒地指可供开发利用和建设而尚未开发利用和建设的一切土地，主要包括宜农、宜林和宜牧荒地等；裸露山体指在工程开发建设过程中及滑坡、崩塌等自然灾害对自然山体破坏而导致的山体裸露，以边坡裸露、水土流失严重、土壤贫瘠等为特征的山体；滩涂是海滩、河滩和湖滩的总称，包括沿海大潮高潮位与低潮位之间的潮浸地带、河流湖泊正常水位至洪水位间的滩地、时令湖、河洪水位以下的滩地、水库、坑塘的正常蓄水位与最大洪水位间的滩地等多种类型；干涸的河谷指干涸的河道；未硬化或绿化的空地指未进行绿化或者硬化处理的可以使用的、未被占用的土地。

### 2. 道路扬尘

道路扬尘是指道路积尘在一定动力条件（风力、机动车碾压、人群活动等）作用下进入环境空气中形成的扬尘。道路扬尘第一级分类依据道路表面铺装情况分为铺装道路和未铺装道路，两者的排放特征差别较大，需要选用不同的计算方法。道路扬尘源第二级分类按照使用对象和地理位置分为城市道路、公路、工业区道路、林区道路和乡村道路等五个类型，其中城市道路又细分为快速路、主干道、次干道和支路四小类。不同使用类型道路上的机动车种类、车速和载重均有明显差异。基于这两方面的信息，对道路扬尘源进行第一、二级分类，选择排放因子、排放量的计算方法。进行道路清扫、洒水等控制措施，对道路扬尘具有一定的降低作用，为道路扬尘源的第三级分类。

### 3. 施工扬尘

施工扬尘是指城市市政基础设施建设、建筑物建造与拆迁、设备安装工程及装饰修缮工程等施工场所在施工过程中产生的扬尘。施工扬尘源的第一级分类按照施工类型划分，包括城市市政基础设施建设、建筑物建造与拆迁、设备安装工程及装饰修缮工程四类。其中，市政基础设施包括交通系统（包括道路、桥梁、隧道、地下通道、天桥等）、供电系统、燃气系统、给排水系统、通信系统、供热系统、防洪系统、污水处理厂、垃圾填埋场等及其附属设施。建筑物建造与拆迁包括居住建筑、公共建筑、工业建筑和农业建筑的新建、改造、搬迁。设备安装工程包括大型设备安装工程、石化类设备安装工程、公共建筑类设备安装工程、冷冻站设备安装工程、医院类设备安装工程、厂房类设备安装工程及地铁类设备安装工程等。装饰修缮工程包括建筑与装饰修缮工程（适用于房屋建筑的结构、屋面防水及装修面的修缮）、安装修缮工程（适用于房屋建筑内的水电、通风空调等的维修）以及市政修缮工程（适用于市政路面及管道的修缮）。上述四类施工扬尘源的起尘环节包括地面清理、打孔、爆破、开挖、过筛、研磨、粉碎、材料运输、装卸材料、动土操作、工地机动车行驶及尾气排放等。施工扬尘源第二级分类按照施工阶段划分，包括土方开挖、地基建设、土方回填、主体建设和装饰装修 5 个阶段。施工扬尘源第三级分类按照抑尘措施划分，主要包括路面铺装和洒水、覆盖防尘网、覆盖防尘布、喷洒化学抑尘剂、设置建筑围挡等。

### 4. 堆场扬尘

堆场扬尘是指城市各种类型和规模的堆场进行物料装卸、输送等操作过程的扬撒作用下和后续堆积存放期间在风蚀作用下均会产生扬尘。堆场扬尘首先按照堆放物料种类进行第一级分类，主要有各种工业原料堆（如煤堆、沙石堆以及矿石堆等）、建筑原料堆（如砂石、水泥、石灰等）、工业固体废弃物（如冶炼渣、化工渣、燃煤灰渣、废矿石、尾矿和其他工业固体废物）、建筑渣土及垃圾、生活垃圾等；在对堆场进行物料装卸、输送等操作过程的扬撒作用下和后续堆积存放期间在风蚀作用下均会产生扬尘，两阶段扬尘产生量的影响因素不同，其估算方法也不同，基于不同的操作阶段进行第二级分类。此外，采石、采矿等场所和活动中产生的扬尘也归为堆场扬尘。装卸、运输过程的颗粒物排放情况受到物料的含水率、产生的颗粒物的粒度乘数和风速大小的影响，而风蚀过程主要受到后两种因素的影响；对堆场扬尘采取的控制措施作为第三级分类，可采取的控制措施有密闭存储、密闭作业、喷淋、覆盖、防风围挡、硬化稳定、绿化、开展废物综合利用等。

## 2.4.2 扬尘源排放量估算方法

扬尘源颗粒物排放量的计算应在综合所有主要影响因素后的具体排放源层面完成。对于某个给定的最低级排放源，扬尘源颗粒物排放量由下式计算：

$$W = E \times A \times T \tag{2-26}$$

式中：$W$——某个给定排放源的扬尘排放量；

$E$——排放源对应的单位活动水平的排放系数，一般为单位时间单位面积

（道路扬尘源为单位道路长度）的扬尘源颗粒物排放量；

*A*——扬尘源的活动水平因子；

*T*——活动时间跨度。

### 1. 土壤扬尘

土壤扬尘源排放量的计算公式如下：

$$W_{Si} = E_{Si} \times A_S \tag{2-27}$$

$$E_{Si} = D_i \times C \times (1-\eta) \times 10^{-4} \tag{2-28}$$

$$D_i = k_i \times I_{we} \times f \times L \times V \tag{2-29}$$

$$C = 0.504 \times u^3 / PE^2 \tag{2-30}$$

式中：$W_{Si}$——土壤扬尘中 $PM_i$（空气动力学粒径在 $0 \sim i$ μm 间的颗粒物，下同）

总排放量，t/a；

$E_{Si}$——土壤扬尘源的 $PM_i$ 排放系数，t/（m²·a）；

$A_S$——土壤扬尘源的面积，m²；

$D_i$——$PM_i$ 的起尘因子，t/（万 m²·a）；

$C$——气候因子，表征气象因素对土壤扬尘的影响；

$\eta$——污染控制技术对城市扬尘的去除效率，%；

$k_i$——$PM_i$ 在土壤扬尘中的百分含量，%；

$I_{we}$——土壤风蚀指数，t/（万 m²·a）；

$f$——地面粗糙因子，反映风与地表之间的摩擦力大小，对于光滑的地表，

$f$ 取 1，对于粗糙的地表，$f$ 取 0.5；

$L$——无屏蔽宽度因子，即没有明显的阻挡物（如建筑物或者高大的树木）

的最大范围；

$V$——植被覆盖因子，指是裸露土壤面积占总计算面积的比例，地面完全

裸露时 $V$ 等于 1；计算公式如下：

$$V = 裸露土壤面积/总计算面积 \tag{2-31}$$

$u$——年平均风速，m/s；

PE——桑氏威特降水-蒸发指数，计算公式如下：

$$PE = 100 \times \left( P / E^* \right) \tag{2-32}$$

$$E^* = \left[ 0.594\,9 + \left( 0.118\,9 \times T_a \right) \right] \times 365 \tag{2-33}$$

式中：$P$——年降水量，mm；

　　　$E^*$——年潜在蒸发量，mm；

　　　$T_a$——年平均温度，℃。

### 2. 道路扬尘

道路扬尘源排放量等于调查区域所有铺装道路与非铺装道路扬尘量的总和。每条道路的扬尘排放量的计算公式如下：

$$W_{Ri} = E_{Ri} \times L_R \times N_R \times \left( 1 - \frac{n_r}{365} \right) \times 10^{-6} \tag{2-34}$$

式中：$W_{Ri}$——道路扬尘源中颗粒物 $PM_i$ 的总排放量，t/a；

　　　$E_{Ri}$——道路扬尘源中 $PM_i$ 平均排放系数，g/（km·辆）；

　　　$L_R$——道路长度，km；

　　　$N_R$——一定时期内车辆在该段道路上的平均车流量，辆/a；

　　　$n_r$——不起尘天数，d。

对于铺装道路，道路扬尘排放系数计算公式：

$$E_{Pi} = k_i \times \left( sL \right)^{0.91} \times W^{1.02} \times \left( 1 - \eta \right) \tag{2-35}$$

式中：$E_{Pi}$——铺装道路的扬尘中 $PM_i$ 排放系数，g/km（机动车行驶 1 km 产生的颗粒物质量）；

　　　$k_i$——产生的扬尘中 $PM_i$ 的粒度乘数，g/km；

　　　$sL$——道路积尘负荷，g/m²（单位不参与运算）；

　　　$W$——平均车重，t（单位不参与运算）；

　　　$\eta$——污染控制技术对扬尘的去除效率，%。多种措施同时开展的，取控制效率最大值。

对于未铺装道路，道路扬尘排放系数计算公式：

$$E_{\mathrm{UP}_i} = \frac{k_i \times (s/12) \times (v/30)^a}{(M/0.5)^b} \times (1-\eta) \tag{2-36}$$

式中：$E_{\mathrm{UP}_i}$——未铺装道路扬尘中 $PM_i$ 排放系数，g/km；

$k_i$——产生的扬尘中 $PM_i$ 的粒度乘数，g/km（a、b 为粒度系数，量纲为一）；

$s$——道路表面有效积尘率，%；

$v$——平均车速，km/h（单位不参与运算），指通过某等级道路所有车辆的平均车速；

$M$——道路积尘含水率，%；

$\eta$——污染控制技术对扬尘的去除效率，%。多种措施同时开展的，取控制效率最大值。

### 3. 施工扬尘

基于整个工地的总体估算的施工扬尘源排放量计算方法为：

$$W_{\mathrm{C}_i} = E_{\mathrm{C}_i} \times A_{\mathrm{C}} \times t \tag{2-37}$$

$$E_{\mathrm{C}_i} = 2.69 \times 10^{-4} \times (1-\eta) \tag{2-38}$$

式中：$W_{\mathrm{C}_i}$——施工扬尘源中 $PM_i$ 总排放量，t；

$E_{\mathrm{C}_i}$——整个施工工地 $PM_i$ 的平均排放系数，t/（m²·月）；

$A_{\mathrm{C}}$——施工区域面积，m²；

$t$——工地的施工月份数，月；

$\eta$——污染控制技术对扬尘的去除效率，%。多种措施同时开展的，取控制效率最大值。

基于各个施工环节的建筑施工扬尘源排放量精细化计算方法为：

$$W_{\mathrm{C}_i} = E_{\mathrm{C}_i} \times A_{\mathrm{C}} \times t \tag{2-39}$$

$$E_{\mathrm{C}_i} = 0.025\,34 \times D \times u^{1.983} \times M^{-1.993} \times sL^{0.745} \times N^{0.684} \times (1-\eta) \times 10^{-6} \tag{2-40}$$

式中：$W_{Ci}$——施工扬尘源中 $PM_{10}$ 总排放量，t；

$\qquad$ $E_{Ci}$——施工扬尘源中 $PM_{10}$ 的排放因子，t/（$m^2 \cdot h$）；

$\qquad$ $A_C$——施工区域面积，$m^2$；

$\qquad$ $t$——工地的施工小时数，h；

$\qquad$ $D$——采样施工工地的起尘面积率，%；

$\qquad$ $u$——地面 2.5 m 处的风速，m/s；

$\qquad$ $M$——工地表面积尘含水率，%；

$\qquad$ sL——工地路面尘积负荷，$g/m^2$；

$\qquad$ $N$——建筑工地每小时运行的机动车数量，辆；

$\qquad$ $\eta$——污染控制技术对扬尘的去除效率，%。多种措施同时开展的，取控制效率最大值；

$\qquad$ 0.025 34——系数，$t \cdot s^{1.983}/$（$h \cdot m^{1.238} \cdot g^{0.745} \cdot$ 辆$^{0.684}$）。

式（2-40）只能计算 $PM_{10}$ 的排放因子，PM 与 $PM_{2.5}$ 的排放因子可根据粒径系数进行估算，根据施工积尘的粒径分布情况估算获得，参考粒径系数为：PM 为 1、$PM_{10}$ 为 0.49、$PM_{2.5}$ 为 0.1。

### 4．堆场扬尘

堆场扬尘源排放量是装卸、运输引起的扬尘与堆积存放期间风蚀扬尘的加和，计算公式如下：

$$W_Y = \sum_{i=1}^{m} E_h \times G_{Yi} \times 10^{-3} + E_w \times A_Y \times 10^{-6} \qquad （2\text{-}41）$$

式中：$W_Y$——堆场扬尘源中颗粒物总排放量，t；

$\qquad$ $E_h$——堆场扬尘的装卸运输过程的颗粒物排放系数，kg/t，其估算公式见式（2-42）；

$\qquad$ $m$——料堆物料装卸总次数；

$\qquad$ $G_{Yi}$——第 $i$ 次装卸过程的物料装卸量，t；

$\qquad$ $E_w$——料堆受到风蚀作用的颗粒物排放系数，$g/m^2$，其估算公式见式（2-43）；

$\qquad$ $A_Y$——料堆表面积，$m^2$。

装卸、运输物料过程扬尘排放系数的估算：

$$E_h = k \times 0.001\,6 \times \frac{\left(\dfrac{u}{2.2}\right)^{1.3}}{\left(\dfrac{M}{2}\right)^{1.4}} \times (1-\eta) \tag{2-42}$$

式中：$E_h$——堆场装卸扬尘的排放系数，kg/t；

$k$——物料的粒度乘数，量纲为一；

$u$——地面平均风速，m/s；

$M$——物料含水率，%；

$\eta$——污染控制技术对城市扬尘的去除效率，%；

0.001 6——单位转换系数，$kg \cdot s^{1.3}/(t \cdot m^{1.3})$。

料堆表面遭受风扰动后引起颗粒物排放的排放系数可以用下式计算：

$$E_w = k \times \sum_{i=1}^{n} P_i \times (1-\eta) \times 10^{-3} \tag{2-43}$$

$$P = 58 \times (u^* - u_t^*)^2 + 25 \times (u^* - u_t^*), \quad u^* > u_t^* 时 \tag{2-44}$$
$$P=0, \quad u^* \leqslant u_t^* 时$$

式中：$E_w$——堆场风蚀扬尘的排放系数，$g/m^2$。

$k$——物料的粒度乘数，无量纲。

$n$——料堆每年受扰动的次数。

$P_i$——第 $i$ 次扰动中观测的最大风速的风蚀潜势，$g/m^2$。

$\eta$——污染控制技术对城市扬尘的去除效率，%。

$u^*$——摩擦风速，m/s。

$u_t^*$——阈值摩擦风速，即起尘的临界摩擦风速，m/s。

58.25——单位转换系数，$g \cdot s^2/m^4$。

$$u^* = 0.4u(z)/\ln\left(\frac{z}{z_0}\right) \quad (z > z_0) \tag{2-45}$$

式中：$u(z)$——地面风速，m/s；

$z$——地面风速检测高度，m；

$z_0$——地面粗糙度，m；

0.4——冯卡门常数，无量纲。

## 2.5　溶剂使用源

有机溶剂是由有机物作为介质的溶剂，广泛存在于涂料、胶黏剂、清洁剂、油墨、染料等生产生活材料中。有机溶剂的使用非常普遍，既可以作为溶剂溶解某些化学物质形成均匀溶液以满足功效的正常发挥，也可以作为萃取剂提取纯化所需产品成分。

有机溶剂使用源是指溶剂在使用过程中由于挥发所导致的 VOCs 排放，根据主要排放过程确定溶剂使用排放源，分为表面涂装、印刷过程、染色过程、农药使用、清洗过程、日用消费以及其他，这些过程所使用的溶剂大部分最后都挥发释放到大气中。考虑到有机溶剂使用具有明显的行业差异性和分布广泛性，为了保证分类能够覆盖这些行业，且兼顾排放源分类主次，以国民经济行业分类为依据，结合各有机溶剂使用源的生产排污特点，对排放源进行二级分类。同时，由于工业溶剂使用量与非工业溶剂使用量存在较大差异，为方便统计，二级分类中对工业、服务业、居民溶剂使用加以区分。

根据以上分类思路，有机溶剂使用源的二级排放源主要包括工业：制鞋业，工业：印刷业，工业：医药制造业，工业：橡胶及塑料制品，工业：通信设备、计算机及其他电子设备制造，工业：木材及竹木制品，工业：家具制造业，工业：纺织及皮革制品，工业：表面涂装-通用、专用设备，工业：表面涂装-金属制品，工业：表面涂装-交通运输设备制造，工业：表面涂装-电气机械及器材，服务业：干洗，服务业：表面涂装-交通运输设备维修，居民溶剂使用共 15 类。并结合各二级排放源的生产技术、产品类型、溶剂类型等对源进行二级、四级的子类划分。如表 2.4 所示。

由于有机溶剂使用源涉及居民生活、工业、服务业等多个领域，且由于排放源的分散性、复杂性，会造成活动数据获取困难。因此在污染源排放量测算中，常结合自下而上和自上而下的估算方式。有机溶剂使用源主要使用排放因子法，结合相应的活动水平数据进行排放量计算。该方法将人类活动程度信息，即活动水平数据（AD）与量化单位活动的排放量系数（即排放因子 EF）结合起来，采用基本方程式（2-46）进行计算。

表2.4　有机溶剂使用源一级至四级排放源分类思路

| 一级排放源 | 二级排放源 | 三级排放源 | 四级排放源 |
|---|---|---|---|
| 溶剂使用源 | 工业：制鞋业 | 所有产品 | 所有溶剂 |
| | 工业：印刷业 | 油墨 | 新型油墨印刷 |
| | | | 传统油墨印刷 |
| | 工业：医药制造业 | 所有产品 | 所有溶剂 |
| | 工业：橡胶及塑料制品 | 塑料制品 | 一般工艺 |
| | 工业：通信设备、计算机及其他电子设备制造 | 二极体/电晶体 | 所有溶剂 |
| | | 光电元件 | |
| | | 印刷电路板 | |
| | | 液晶显示器 | |
| | | 集成电路 | |
| | | 所有产品 | |
| | 工业：木材及竹木制品 | 所有产品 | 所有溶剂 |
| | 工业：家具制造业 | 所有家具 | 所有溶剂 |
| | 工业：纺织及皮革制品 | 纱产品 | 所有溶剂 |
| | | 布产品 | |
| | | 毛皮、羽毛及其制品 | |
| | | 皮革及其制品 | |
| | 工业：表面涂装-通用、专用设备 | 所有产品 | 所有方法：所有涂料 |
| | 工业：表面涂装-金属制品 | 所有产品 | 所有方法：所有涂料 |
| | 工业：表面涂装-交通运输设备制造 | 汽车 | 所有方法：所有涂料 |
| | | 铁路运输设备 | |
| | | 摩托车 | |
| | | 自行车 | |
| | | 船舶 | |
| | 工业：表面涂装-电气机械及器材 | 所有产品 | 所有方法：所有涂料 |
| | 服务业：干洗 | 所有干洗 | 三氯乙烯/四氯乙烯 |
| | 服务业：表面涂装-交通运输设备维修 | 所有产品 | 所有方法：所有涂料 |
| | 居民溶剂使用 | 所有溶剂 | 所有溶剂 |
| | 其他 | 不分类 | 不分类 |

$$E = AD \times EF \qquad (2\text{-}46)$$

式中：$E$——排放量；

AD——该源的活动水平数据；

EF——活动水平数据对应的某种污染物的排放因子。

## 2.5.1　工业溶剂使用源

对于工业溶剂使用源，通常采用物料衡算法和基于有机原辅料使用量、产品产量的排放因子法进行测算。

其中，物料衡算法需要掌握企业原辅材料使用量及 VOCs 含量、产品产量及 VOCs 含量、产污环节、治理情况等相关详细信息，运用物料衡算公式 $G_{原料}=G_{产品}+G_{损失}$，对每个污染源的 VOCs 进行测算。其中，$G_{原料}$ 由原辅料使用量与对应原辅料中 VOCs 含量相乘得到，$G_{产品}$ 由产品产量与对应产品中 VOCs 含量相乘得到；$G_{损失}$ 主要包括环境空气排入量、水体排入量、固废排入量，并进一步考虑环境空气排放的治理措施效率，从而得到该排放源的 VOCs 大气排放量。

排放因子法主要根据涂料、油墨、油漆等原辅材料消耗量和主要产品产量结合相应的排放因子估算 VOCs 排放量。估算公式如下所示。

$$E_j = \sum_{i,j}(A_{i,j} \times \mathrm{EF}_{i,j})$$

（2-47）

式中：$E_j$——VOCs 排放量，kg；

$i$——原辅材料类型；

$j$——行业/企业类型；

$A_{i,j}$——行业/企业 $j$ 的第 $i$ 种原辅材料消耗量或产品产量，t；

$\mathrm{EF}_{i,j}$——行业/企业 $j$ 的第 $i$ 种原辅材料或产品产量的排放因子，kg/t。

## 2.5.2　非工业溶剂使用源

非工业溶剂使用涉及面广，主要包括汽修喷涂、干洗店及家庭生活类溶剂产品使用产生的 VOCs 排放等。其中，汽修喷涂及干洗店 VOCs 排放量可根据基于原辅材料使用的排放因子法进行测算，计算公式同 2.5.1 工业溶剂使用源。家庭生活类溶剂使用源使用零散、分散，大多数含 VOCs 产品的用量难以统计。其 VOCs 排放采用自上而下方式进行估算，如建筑涂料使用量，对于难以获取 VOCs 产品使用量的行业，采用基于人口的排放因子进行计算，估算公式如下。

$$E = \sum_{i}(A \times \mathrm{EF}_i)$$

（2-48）

式中：$E$——VOCs 排放量，kg；

　　　$i$——溶剂类型；

　　　$A$——区域人口数量；

　　　$EF_i$——基于人口的排放因子，kg/（a·人）。

## 2.6　存储与运输源

　　存储与运输源是指原油、汽油、柴油、天然气在工厂、产品中转站和销售终端三个节点的储藏、运输及装卸过程中，由于产品本身固有的特性和受周围环境的影响，逸散泄漏造成可挥发性有机物排放的排放源。

　　石油产品（如汽油、原油和有机液体溶剂）在存储、装卸和运输过程中的蒸发和泄漏是 VOCs 排放的另一个重要来源。此环节主要为 VOCs 逸散排放源，其排放环节主要包括固定顶罐、浮顶罐等储罐存储物质的工作损失及静置存储损失、油库储运损失、加油站卸油、储罐呼吸、加注等过程损失以及石油炼制和石油化工过程中储罐、转运、泄漏损失等。本环节清单的建立主要以石油和石油产品储罐、有机化学品存储、加油站汽柴油挥发为主要源。

　　城市加油站油品蒸发是 VOCs 排放的一个重要来源。油品蒸发不但会造成资源浪费和经济损失，还会引发一系列环境问题。通常情况下，加油站油品蒸发产生于油罐车装卸、汽车加油及油罐存储 3 个环节，在装卸作业中，油罐车通过输油管道向储罐内卸油，罐内液面上升，形成正压，罐内饱和油蒸气由通气管排向大气中；在加油作业环节中，由于加油枪与油箱口的非密接，使得大量油气从油箱口排出进入大气；此外油品在储存中，由于环境温度的变化，罐内饱和油气也存在着呼吸损失，但是，由于加油站储罐一般采用双壁结构，并进行地埋式布置，这一部分的排放相对较少。因此，加油站的 VOCs 排放主要来自于油罐车加卸油过程以及汽车加油过程中的挥发损失。

　　存储与运输源按照一级至四级进行分类编码的思路及依据如表 2.5 所示，其中第二级分类分为石油和石油产品存储、加油站以及有机化学品存储三个部门，第三级分类中石油和石油产品存储、有机化学品存储源分按储罐类型细分，第四级分类中石油和石油产品存储、有机化学品存储源按产品类型及排放环节进一步细分，加油站源按燃料类型及排放环节进一步细分。

表 2.5 存储与运输源一级至四级分类编码思路及依据

| 一级排放源 | 二级排放源 | 三级排放源 | 四级排放源 |
|---|---|---|---|
| 存储与运输源 | 石油和石油产品存储 | 所有储罐 | 产品类型/排放环节 |
| | | 固定顶储罐 | 产品类型/排放环节 |
| | | 外浮顶储罐 | 产品类型/排放环节 |
| | | 内浮顶储罐 | 产品类型/排放环节 |
| | 加油站 | 汽油加油站 | 产品类型/排放环节 |
| | 有机化学品存储 | 固定顶储罐 | 产品类型/排放环节 |
| | | 浮顶储罐 | 产品类型/排放环节 |
| | | 压力储罐 | 产品类型/排放环节 |

## 2.6.1 有机液体存储储罐

正常工况下，包括石油及石油产品在内的有机液体存储储罐的 VOCs 无组织排放来自于"静置损耗"和"工作损耗"。储罐又分为固定顶罐和浮顶罐，对于固定顶罐而言，静置储存损耗是指油气的膨胀和收缩而排出的油气，这是由温度和大气压力的变化而造成的；工作损耗是指充装操作时由于罐内油品液位的增加造成的蒸发，出料时蒸发损耗是由于油品移出罐时，进入罐内的空气被有机蒸气饱和并膨胀，超过气相空间的容量造成的。

对于浮顶罐而言，静置储存损耗包括三部分，一是指边缘密封损耗，对于外浮顶罐主要是由于风导致的，内浮顶罐主要是密封材料的渗透蒸发；二是指浮盘附件损耗，包括需要在浮盘上开口的最常见的组件可能会产生蒸发损耗，如人孔、真空阀、排水管等；三是对于内浮顶罐而言的浮盘密封损耗，指如果浮盘不是焊接的，采用螺栓连接的会产生蒸发损耗。浮顶罐的工作损耗主要是指黏壁损耗，即当液位（即浮顶）下降时油品黏附在罐内壁和支撑柱上，裸露在空气中产生蒸发。

石油化工产品及有机液体类储罐的 VOCs 排放清单编制，可以参考《挥发性有机物排污收费试点办法》（财税〔2015〕71 号）中附件 2《石化行业 VOCs 排放量计算办法》进行测算。也可以参考美国 AP-42 中有机溶剂存储源的计算方法，将有机储罐分为固定顶罐和浮顶罐，通过相关公式模型法进行储罐 VOCs 无组织排放量的计算。计算方法如下。

### 1. 固定顶罐

1）工作损耗

对 EAP 的计算公式进行单位转换后得固定顶储罐的工作损耗计算公式为：

$$L_W = 4.11 \times 10^{-7} \times M_V \times P_{VA} \times Q \times K_N \times K_P \qquad (2\text{-}49)$$

其中：
$$P_{VA} = \exp\left[ A - \left( \frac{B}{T_{LA} + C} \right) \right] \qquad (2\text{-}50)$$

式中：$L_W$——作业损耗量，kg/a；

$4.11 \times 10^{-7}$——单位转换系数，$\dfrac{\text{mol} \cdot \text{kg}}{\text{Pa} \cdot \text{m}^3}$；

$M_V$——储罐中挥发性有机物的平均分子量，l/mol；

$P_{VA}$——平均液面温度下罐内 VOCs 蒸气压力，Pa；

$Q$——年周转量；m³/a；

$K_N$——周转系数，当周转次数 $N > 36$ 时，$K_N = (180+N)/6N$，当 $N \leqslant 36$ 时，$K_N = 1$；

$N$——年周转次数；

$K_P$——系数（原油取 $K_P = 0.75$，其他液体有机物取 $K_P = 1$）；

$A$、$B$、$C$——蒸气压计算常数（通过查化学手册获取）；

$T_{LA}$——液面日平均温度，℃。

$$N = 5.614Q/V_{LV} \qquad (2\text{-}51)$$

式中：$V_{LV}$——储罐最大液体容量，ft³（1 ft³=2.831 685×10⁻² m³）。

2）静止储存损耗

$$E_S = 365 V_V W_V K_E K_S \qquad (2\text{-}52)$$

式中：$E_S$——静置损失（地下卧式罐的 $E_S$ 取 0），kg；

　　　$V_V$——气相空间容积，$m^3$；

　　　$W_V$——储藏气相密度，$kg/m^3$；

　　　$K_E$——气相空间膨胀因子，量纲一；

　　　$K_S$——排放蒸气饱和因子，量纲一。

**2. 浮顶罐**

$$E_浮 = E_R + E_{WD} + E_F + E_D \qquad (2\text{-}53)$$

式中：$E_浮$——浮顶罐总损失，lb/a(1 lb=0.453 592 kg)；

　　　$E_R$——边缘密封损失，lb/a，见式（2-54）；

　　　$E_{WD}$——挂壁损失，lb/a，见式（2-55）；

　　　$E_F$——浮盘附件损失，lb/a，见式（2-56）；

　　　$E_D$——浮盘缝隙损失，lb/a，见式（2-57）。

1）边缘密封损失

$$E_R = \left(K_{Ra} + K_{Rb} v^n\right) D P^* M_V K_C \qquad (2\text{-}54)$$

式中：$E_R$——边缘密封损失，lb/a；

　　　$K_{Ra}$——零风速边缘密封损失因子，lb·mol/（ft·a）；

　　　$K_{Rb}$——有风时边缘密封损失因子，lb·mol/（$mi^n$·ft·a）（1 mi=1.609 344 km）；

　　　$v$——罐点平均环境风速，mi；

　　　$n$——密封相关风速指数，量纲一；

　　　$D$——罐体直径，ft；

　　　$P^*$——蒸气压函数，量纲一；

　　　$M_V$——挥发性有机物平均分子量，l/mol；

　　　$K_C$——温度调整系数，量纲一。

2）挂壁损失 $E_{WD}$

$$E_{WD} = \frac{0.943QC_SW_L}{D}\left[1 + \frac{N_CF_C}{D}\right]$$  (2-55)

式中：$E_{WD}$——挂壁损失，lb/a；

  $Q$——年周转量，桶/a；

  $C_S$——罐体油垢因子桶/ft²；

  $W_L$——有机液体密度，lb/gal（gal，美制加仑，1 gal=3.785 L）；

  $D$——罐体直径，ft；

  0.943——常数，1 000 ft³·gal/桶²；

  $N_C$——固定顶支撑柱数量（对于自支撑固定浮顶或外浮顶罐，$N_C$=0），量纲一；

  $F_C$——有效柱直径，取值 1 ft。

3）浮盘附件损失

$$E_F = F_F P^* M_V K_C$$  (2-56)

式中：$E_F$——浮盘附件损失，lb/a；

  $F_F$——总浮盘附件损失因子，lb·mol/a；

  $P^*$——蒸气压函数，量纲一；

  $M_V$——挥发性有机物平均分子量，l/mol；

  $K_C$——温度调整系数，量纲一。

4）浮盘缝隙损失

$$E_D = K_D S_D D^2 P^* M_V K_C$$  (2-57)

式中：$K_D$——盘缝损耗单位缝长因子，0.14 lb·mol/（ft·a）；

  $S_D$——盘缝长度因子，ft/ft²，为浮盘缝隙长度与浮盘面积的比值；

  $D$——罐体直径，ft；

  $P^*$——蒸气压函数，量纲一；

  $M_V$——挥发性有机物平均分子量，l/mol；

  $K_C$——温度调整系数，量纲一。

### 2.6.2　加油站

加油站 VOCs 排放量通过汽柴油的销售量活动水平结合汽柴油排放因子确定，其计算公式如下：

$$加油站 VOCs 排放量 = 汽柴油排放因子 × 机动车油品销售量 \qquad (2\text{-}58)$$

## 2.7　农牧源

随着生活水平的提高，人们对于肉、蛋、奶的需求量不断增大，从而使得畜禽养殖业迅猛发展。然而，由于我国畜禽粪便的无害化处理利用率不足 5%，导致畜禽养殖业产生的粪便成为许多地区环境恶化的重要来源。大量的畜禽粪便在高温下发酵和分解，产生氨气（$NH_3$），排放到空气中，对空气造成污染。而氨气是大气环境中非常重要的碱性气体，在大气化学、气溶胶形成过程中均有着重要的作用。在最近普遍受到关注的 $PM_{2.5}$ 中，$NH_3$ 是非常重要的前体物质之一。同时，氨也易挥发到空气中，经氧化后可生成二次污染物。另外，氨也是大气酸沉降的重要组成部分，会导致土壤酸化和水体富营养化。而国内外的研究表明，农牧源是氨排放的重要来源。

### 2.7.1　农牧源分类

在《大气氨源排放清单编制技术指南（试行）》（以下简称《指南》）中，农牧源分为了两大类：农田生态系统和畜禽养殖业。其中，农田生态系统又包含了氮肥施用、土壤本底、固氮植物和秸秆堆肥，畜禽养殖业又分为了集约化养殖、散养和放牧等过程。郑君瑜等（2014）在其著作《区域高分辨率大气排放源清单建立的技术方法与应用》中，把农牧源分为了畜牧业、农肥施用和农药施用三类，并且对这三类源又进行了进一步的细分。

综合《指南》和郑君瑜等的著作，把农牧源分为了氮肥施用、畜禽养殖、农药施用、土壤本底、固氮植物、秸秆堆肥等六类。对每一类又进行了细分，具体源分类见表 2.6。

表 2.6　农牧源一级至四级分类

| 一级分类 | 二级分类 | 三级分类 | 四级分类 |
|---|---|---|---|
| 农牧源 | 氮肥施用 | 肥料类型和施肥温度 | 土壤类型 |
| | 畜禽养殖 | 畜禽种类和养殖方式 | 管理阶段 |
| | 农药施用 | 农药类型 | 农药名称 |
| | 土壤本底 | 土地利用类型 | 土壤类型 |
| | 固氮植物 | 植物名称 | 未分类 |
| | 秸秆堆肥 | 秸秆名称 | 未分类 |

### 2.7.2　农牧源的计算

农牧源氨排放的计算采用排放系数的计算方法。氨排放的总量即为活动水平和排放系数的乘积。计算公式概括为：

$$E_{i,j,y}=A_{i,j,y}\times EF_{i,j,y}\times \gamma \tag{2-59}$$

式中：$i$——地区（省、自治区、直辖市）；

　　　$j$——排放源；

　　　$y$——年份；

　　　$E_{i,j,y}$——$y$ 年 $i$ 地区 $j$ 排放源的排放量；

　　　$A$——活动水平；

　　　EF——排放系数；

　　　$\gamma$——氮-大气氨转换系数，针对畜禽养殖业，取 1.214，其他行业取 1.0。

## 2.8　生物质燃烧源

生物质是仅次于煤炭、石油、天然气的第四大能源，在国内普遍存在，尤其在广大农村及偏远地区。生物质燃烧是大气颗粒物和温室气体的一个重要来源，其可产生出全球颗粒物排放量 7% 左右的大气颗粒物。生物质燃烧是指有机物中除去化石燃料以外的来源于动、植物且能再生的所有质的燃烧。日常生活中常见的生物质燃烧包括农业废弃物、林木废弃物（林枝叶、林木片以及林木屑等）、水生植物、有机物加工废料、人畜粪便、油料植物以及城市生活垃圾等的燃烧。生物质易燃的主要原因是生物质中含有易燃的一个部分，主要是木质素、纤维素以及半纤维素，它们在燃烧过程中开始产生挥发性物质，然后逐渐被炭化，易燃部分中的木质素在燃烧过程中会降解生成酚类等物质，纤维素以及半纤维素类会发生热降解，进而产生糖类。生物质极其易燃，其燃烧的形式也是有很多形式的。

不同地区由于在地形地貌、植被类型、农作物和畜禽种类上均存在明显的差异，因而生物质燃烧的排放特征也不尽相同。根据生物质燃烧特点，可将生物质燃烧分为户用生物质炉具和生物质开放燃烧两个大类。两个大类之中，又可根据燃料类型、燃烧情况等各自展开第二级分类和第三级分类。

生物质燃烧源详细分类见表 2.7。

表 2.7　生物质燃烧源的分类

| 第一级分类 | 第二级分类 | 第三级分类 |
|---|---|---|
| 户用生物质炉具 | 秸秆 | 玉米秸秆 |
| | | 小麦秸秆 |
| | | 水稻秸秆 |
| | | 高粱秸秆 |
| | | 油菜秸秆 |
| | | 其他秸秆 |
| | 薪柴 | 薪柴 |
| | 生物质成型燃料 | 生物质成型燃料 |
| | 牲畜粪便 | 牲畜粪便 |
| 生物质开放燃烧 | 秸秆露天燃烧 | 玉米秸秆 |
| | | 小麦秸秆 |
| | | 水稻秸秆 |
| | | 其他秸秆 |

| 第一级分类 | 第二级分类 | 第三级分类 |
|---|---|---|
| 生物质开放燃烧 | 森林火灾 | 热带* |
| | | 南亚热带* |
| | | 中亚热带* |
| | | 北亚热带* |
| | | 暖温带* |
| | | 温带* |
| | | 寒温带* |
| | | 西藏区 |
| | 草原火灾 | 温性草甸草原** |
| | | 温性荒漠草原** |
| | | 温性荒漠** |
| | | 低地草甸** |
| | 草原火灾 | 山地草甸** |
| | | 暖性草丛** |
| | | 热性草丛** |
| | | 高寒草甸** |
| | | 高寒草原** |
| | | 温性草原** |
| | 其他生物质露天焚烧 | 垃圾** |

注：*各气候带划分参见《中国气候区划名称与代码气候带和气候大区》（GB/T 17297—1998）；**草地类型划分参见《中国草地类型的划分标准和中国草地类型分类系统》（1988）。

　　户用生物质炉具指以未经过改性加工的生物质为燃料、具有炊事或采暖功能的户用炉具。户用生物质炉具的燃料类型有多种，主要可分为秸秆、薪柴、生物质成型燃料 3 种，畜牧业发达的地区另有牲畜粪便。秸秆通常是指作物在成熟后被收获籽实后的剩余部分，是作物成熟后茎叶（穗）部分的总称。可按照作物种类对秸秆进行分类，主要包括玉米秸秆、小麦秸秆、水稻秸秆等多种，不同秸秆的排放特征存在差异。然而，由于我国现在的统计体系对生物质能源的覆盖较为薄弱，大部分地区的统计资料中仅区分了薪柴和秸秆两类燃料，只有少部分地区有更详细的调查数据。对于薪柴燃烧，考虑到使用的薪柴类型通常比较复杂，因此在三级分类上不做更多划分。对于粪便燃烧，在参考相关研究的基础上，由于粪便的性质是由产生粪便的畜禽类型所决定的，故不做更多划分。生物质成型燃料是生物质优质化利用的一种重要形式，但目前相关研究相对较少，故不做更多分类。

　　根据我国生物质开放燃烧的特点，将生物质开放燃烧分为三大类，分别是秸秆露天焚烧、森林火灾、草原火灾；每一大类排放源分别按照森林植被气候带、草地类型和秸秆类型进行细分。其中，森林火灾按照焚烧的植被带分为热带、南亚热带、中亚热带、北亚热带、暖温带、温带、寒温带和西藏区 8 类；草原火灾按照焚烧的草地类型分为温性草甸草原、温性草原、温性荒漠草原、温性荒漠、低地草甸、山地草甸、暖性草丛、热性草丛、高寒草甸和高寒草原 10 类；秸秆露天焚烧按照秸秆焚烧种类分为玉米秸秆、小麦秸秆、水稻秸秆和其他秸秆。

### 2.8.1　生物质燃烧源分类分级体系的确定

　　编制生物质燃烧大气污染物排放清单时，首先需对研究区域内的各类生物质燃烧源进行初步摸底调查，明确当地排放源的主要构成，选取合适的排放源分类级别，以确定源清单编制过程中的活动水平数据调查和收集对象。本次清单均以玉米秸秆、小麦秸秆、水稻秸秆、暖温带森林火灾等第三级分类进行编制工作。

### 2.8.2　排放清单计算空间尺度的确定

　　点源是指可获取固定排放位置及活动水平的排放源，在排放清单中一般体现为单个企业或工厂的排放量；面源是指难以获取固定排放位置和活动水平的排放源的集合，在清单中一般体现为省区、地级市或区县的排放总量。

　　户用生物质炉具和生物质开放燃烧一般按面源考虑，但在有条件的情况下，可以利用卫星观测的火点数据对生物质开放燃烧的排放量进行空间定位。本清单对污染物的覆盖范围主要为秸秆户用燃烧、秸秆露天焚烧、森林火灾，因此以面源进行计算。

### 2.8.3　大气污染物排放量的计算方法

　　对于生物质燃烧，某一种大气污染物的排放量 $E_i$ 的计算采用下面的公式：

$$E_i = \sum_{i,j,k,m} (A_{i,j,k,m} \times \mathrm{EF}_{i,j,k,m})/1\,000 \qquad (2\text{-}60)$$

式中：$E_i$——大气污染物 $i$ 的排放量，t；

  $A$——排放源活动水平，t；

  EF——排放系数，g/kg；

  $i$——某一种大气污染物；

  $j$——地区，如省（直辖市或自治区）、市、县；

  $k$——生物质燃烧类型（户用生物质炉具、森林火灾、草原火灾、秸秆露天

   焚烧）；

  $m$——生物质类型（燃料、植被带、草地、秸秆）。

## 2.9　天然源

  挥发性有机物（VOCs）是光化学反应产生臭氧的重要前体物之一，也是二次有机气溶胶的一个重要前体物，在对流层大气化学中起重要作用。按来源，其分为人为源和天然源两种，由于天然源 VOCs 排放量大、化学活性强，在大气光化学氧化和全球碳循环过程中具有重要作用，并且在全球尺度上，VOCs 的天然源排放远远超过了人为源，因此，很多国家和地区都开展了大量天然源 VOCs 排放估算的研究工作。

  最早在 20 世纪七八十年代，美欧等发达国家和地区就开始对天然源 VOCs 的排放进行了大量的研究工作，并且美国大气科学研究中心（NCAR）于 1999 年推出了适用于全球范围内的 GloBEIS 模型，并在 2005 年推出了新一代具有更高分辨率的 MEGAN 模型。近年来，国内天然源 VOCs 排放估算的研究受到越来越多的关注，宁文涛等（2012）开展了东亚地区天然源异戊二烯的排放研究，池彦琪等（2012）基于蓄积量和产量对中国天然源 VOCs 排放清单进行了研究，宋媛媛等（2012）使用遥感资料对中国东部地区的天然源 VOCs 的排放强度进行了研究，杨丹菁等（2001）采用源调查法推算出珠江三角洲地区的天然源 VOCs 排放量，Wang et al.（2003）对北京天然源 VOCs 排放清单进行了研究。

  在天然源的分类中，郑君瑜等（2009）把天然源分为了植被排放、土壤排放、地球活动排放、其他天然源排放，在实际计算过程中主要计算的是植被排放，并且植被排放的 VOCs 不容忽视，而排放的其他物质可以忽略不计。植物作为陆地

生态系统中第一生产者，一方面在光合作用过程中吸收 $CO_2$ 并释放氧气，维持整个生态系统的平衡。另一方面，植物叶会在生理过程中向大气释放出大量挥发性有机化合物（VOCs）。在生态系统中，植物释放的 VOCs 作为重要的化学信息传递物质，具有很强的生态学功能，其在缓解人类疲劳和紧张情绪、调节植物的生长发育以及预防病虫害等方面均具有重要影响。大气中的 VOCs 具有很强的反应活性，在一定光照等气象条件下，可通过参与光化学反应，以前体物的形式，对大气中的臭氧和二次有机气溶胶的形成产生重要影响，这会直接或间接地影响气候变化和大气环境质量，且影响大小通常与排放量呈正相关关系。

天然源 VOCs 排放量的计算常常采用模型法，常用的模型有 GloBEIS 模型和 MEGAN 模型，由于 GloBEIS 模型是基于 Windows 操作系统的，并且 Windows 操作系统的使用比较普遍，下面仅对 GloBEIS 模型进行介绍。

GloBEIS 模型已在国内天然源 VOCs 排放量估算中得到了成功的应用。闫雁等（2005）使用 GloBEIS 模型建立了中国植被 VOCs 排放清单，郑君瑜等（2009）使用 GloBEIS 模型对珠江三角洲天然源 VOCs 的排放量及时空分布特征进行了研究，吴莉萍等（2013）使用 GloBEIS 模型对重庆市主城区天然源 VOCs 的排放量进行了估算。GloBEIS 模型的基本算法参考了 Guenther 等（1995）提出的方法，其中，天然源 VOCs 分为异戊二烯（ISOP）、单萜烯（TMT）和其他 VOCs（OVC）等 3 个大类，基本估算公式如下：

$$E_{ISOP}=\varepsilon\cdot D\cdot\gamma_p\cdot\gamma_t\cdot\rho \tag{2-61}$$

$$E_{TMT},E_{OVC}=\varepsilon\cdot D\cdot\gamma_t\cdot\rho \tag{2-62}$$

式中：$E_{ISOP}$——异戊二烯排放通量；

$E_{TMT}$、$E_{OVC}$——单萜烯和其他 VOCs 排放通量；

$\varepsilon$——标准排放速率；

$D$——叶生物量密度；

$\gamma_p$、$\gamma_t$——光合有效辐射影响因子、温度影响因子；

$\rho$——逸出效率。

## 2.10 其他排放源

限于目前对排放源认识的局限性,上述排放源分类还无法涵盖所有的排放源,因此需要定义"其他排放源",将其他未包含的排放源及尚未开展研究的潜在未知排放源纳入,便于日后分类体系的拓展。

餐饮业在第三产业服务业中一直占据重要位置,因此,在清单编制中,其他源以餐饮源作为主要考虑源。目前大部分餐饮企业位于人口密度高的生活区或商业区,一直以来是居民投诉的焦点。现有研究表明,北京餐饮油烟排放是细颗粒物的主要来源之一;上海的排放清单显示,餐饮、民用涂料等排放的 $PM_{2.5}$ 占上海总 $PM_{2.5}$ 排放的 2.5%;成都、广州等地区的颗粒物来源解析结果也表明,餐饮源是 $PM_{10}$ 和 $PM_{2.5}$ 污染的重要贡献来源。

餐饮源排放的大气污染物主要为油烟废气中的 VOCs、$PM_{2.5}$ 和 $PM_{10}$,污染物排放受到烹饪方式、烹饪温度、食物组成、油烟净化器的去除效率等多种因素影响,存在较大的区域差异。餐饮源主要包括两大部分,一是家庭居民生活,二是社会餐饮服务业,包括各类中西餐馆、火锅店、烧烤店、快餐店、小吃店等以及大型宾馆酒店、学校、大型医院等地点的内部就餐场所。其他源按照一级至四级进行分类编码的思路及依据如表 2.8 所示。其中第三级主要考虑家庭与社会的差别,第四级根据灶头数确定,不再进一步细分。

表 2.8  其他源一级至四级分类编码思路及依据

| 第一级 | 第二级 | 第三级 | 第四级分类方法 | 第四级分类 |
|--------|--------|--------|----------------|------------|
| 其他源 | 餐饮 | 所有类别 | 灶头数 | 所有类别 |
|        |        | 家庭 |        |        |
|        |        | 社会 |        |        |
|        |        | 其他 |        |        |

餐饮源污染物排放清单的建立参考《国家大气污染物排放源清单编制技术指南》中的推荐方法,基本估算公式如下:

$$E_i = n \times V \times H \times (1 - \eta) \times EF_i \times 10^{-3} \tag{2-63}$$

式中：$E_i$——污染物 $i$ 的排放量，kg；

　　　$n$——炉头数；

　　　$V$——烟气排放速率，$m^3/h$；

　　　$H$——年总经营时间，h；

　　　$EF_i$——污染物 $i$ 的排放系数，$mg/m^3$；

　　　$\eta$——厨房气体油烟机的烟气去除效率，%。

# 第3章 活动水平获取途径及调查实施

## 3.1 固定燃烧源

### 3.1.1 电力部门活动水平获取

电力部门活动水平按照点源方式，以机组为单位获取逐个排污设施活动水平数据，主要数据包括机组容量、发电机组运行时间、脱硫设施运行时间和在线监测浓度数据。燃煤硫分和灰分以分批次入炉煤质数据为准，通过加权方法计算平均硫分和灰分。

此外，活动水平数据调查收集应与环境数据统计体系结合，从总量核查、污染源普查和环境统计等数据库获取有关信息，并开展实地调查补充。机组装机容量、投产时间、燃料消耗量、硫分、灰分、锅炉类型、燃烧方式、脱硫脱硝设施类型及综合去除效率等可直接从总量核查数据获取；排放设备生产运行时间、除尘设施类型等可从环境统计和污染源普查数据获取；环境统计数据中电力部门活动水平主要涉及的是基 102 表-各地区火电行业污染排放及处理利用情况。在此基础上，应补充开展实地调查完善活动水平数据，重点获取污染控制措施运行时间、在线监测数据、企业生产报表和分批次煤质等数据信息，对于安装了烟气排放连续监测系统的排污设施，还需获取每个烟道监测断面的污染物小时平均排放浓度、小时平均烟气排放量和总生产小时数。

### 3.1.2 供暖部门、工业企业活动水平获取

供暖部门及工业企业以锅炉为单位获取活动水平数据，可来源于环境统计数

据中的工业企业污染排放处理情况（基 101 表-工业企业污染物排放及处理利用情况），通过筛选锅炉得到热力生产和供应单位相关活动水平数据，建立供暖部门和工业企业固定燃烧源基本台账，主要包括锅炉容量、锅炉运行时间、脱硫设施运行时间和在线监测浓度数据，燃料消耗量采用生产报表数据，缺少燃料消耗量的可依据锅炉容量和实际运行时间估算。燃煤硫分灰分以分批次入炉煤质数据为准，通过加权方法计算平均值。

此外，在此台账基础上，从总量核查、污染源普查等数据库获取信息，并通过调查表格进行实地调研获取相关数据，对台账进行补充及核实，建立供暖部门和工业企业固定燃烧源活动水平数据库。

### 3.1.3　民用散煤燃烧活动水平获取

民用散煤燃烧按照面源进行处理，应调查收集排放清单最小行政区单元活动水平，从当地能源统计部门获取民用部门分能源品种能源消耗量。当地不具备该数据时，可通过全市能源消费总量扣除电力部门、供暖部门、工业企业能源消费量进行获取，或采用上一级行政区民用源活动水平数据基于人口密度等参数权重分配到清单编制行政区单元。获取的数据一般为第二级排放源活动水平，通过实地抽样调研、类比调查等途径获得第三级、第四级排放源技术比例，如分散供暖锅炉、民用炉灶比例等，进而确定第四级排放源活动水平。

民用散煤燃烧活动水平获取应统计调研和实地调查并重。在宏观统计数据约束下，通过实地调研补充缺失的活动水平数据。民用承压锅炉信息可从当地质监部门获取，常压锅炉数据需在分散供暖区域开展实地调研获得。民用源活动水平调查应重点关注民用散煤，在统计部门、发改委、农业部门等调研获取相应燃料使用量（例如可在中国能源统计年鉴-6.3 河北能源平衡表查到河北的居民生活能源使用总量，分地区的可在市一级的统计年鉴的能源平衡表查到）；针对统计基础薄弱的农村地区，主要调查内容包括散煤燃烧类型、散煤燃烧技术、散煤燃烧量、散煤燃烧时间分布、散煤燃烧污染物排放控制技术等数据信息。

## 3.2　工业过程源

工业过程源污染物排放量测算，所需要的活动水平数据主要包括工业产品产量、原料消耗和处理量，控制措施类型及其去除效率等信息。数据的获取主要为数据调研和污染源实地调研两种途径。其中，关于产品产量数据主要有五个来源：①环境统计年鉴中企业年度产品产量信息；②污染物排放申报登记年度统计数据企业产品产量信息；③省、区、市统计年鉴产品产量数据；④污染源普查数据；⑤相关行业报告。

污染源实地调研内容包括：企业基本信息、生产工艺流程信息、原辅料使用情况、产品产量信息、排气筒信息、废气治理设施运行情况、有机溶剂回收情况等。为调研工业企业活动水平而设计的专项调查表各样例如表3.1。

## 3.3　移动源

### 3.3.1　道路移动源

#### 1. 活动水平数据及获取途径

对于移动源活动水平的获取，《道路机动车大气污染物排放清单编制技术指南（试行）》（以下简称《指南》）和郑君瑜等（2014）都做了相关说明。《指南》中获取的活动水平有各类机动车的车型、车辆所属地、保有量、注册年代、排放控制水平以及机动车年均行驶里程；获取途径有环保部门机动车年检数据库、交管部门、实地走访大型停车场等。郑君瑜等（2014）提出的需要获取的活动水平数据有机动车车型、分车型的保有量，分车型的机动车年均行驶里程，机动车燃料类型、应用比例、燃料成分、含硫率，机动车日均工作时间、平均行驶速度、机动车全社会客运量和货运量；获取途径主要有车管所机动车登记信息数据库，交通局统计资料，机动车行业协会，各省、区、市统计年鉴，污染源普查数据，相关法律法规，实地调研。

表 3.1 工业企业污染源调查表

一、工业企业基本情况

| 单位名称（公章） | | 组织机构代码 | | | | | |
|---|---|---|---|---|---|---|---|
| 单位地址 | | 市 | 区（县） | 行政区划代码 | 乡（镇） | 村 | 路、门牌号 |
| | | | | | 经度° | 纬度° | |
| 联系人 | | 联系电话 | | | 邮箱 | | |
| 生产总值 万元 | | 年生产天数 | | 日生产小时数 | | | |

二、燃料锅炉信息

锅炉类型：(1) 煤粉炉 (2) 流化床炉 (3) 自动炉排层燃炉 (4) 手动炉排层燃炉 (5) 燃油锅炉 (6) 燃气锅炉 (7) 整体煤气化联合循环发电

燃料类型：(1) 原煤 (2) 洗精煤 (3) 其他洗煤 (4) 型煤 (5) 焦炭 (6) 煤矸石 (7) 其他焦化产品 (8) 高炉煤气 (9) 焦炉煤气 (10) 其他煤气 (11) 天然气 (12) 液化天然气 (13) 液化石油气 (14) 炼厂干气 (15) 转炉煤气 (16) 其他气体燃料 (17) 原油 (18) 汽油 (19) 煤油 (20) 柴油 (21) 燃料油 (22) 其他液体燃料 (23) 石油沥青 (24) 石油焦 (25) 其他石油制品 (26) 生物质（木屑，秸秆）

| 锅炉编号 | 锅炉铭牌型号 | 锅炉类型 | 锅炉蒸吨 | 燃料类型 | 燃料消耗 | 煤炭硫分 | 煤炭灰分 | 煤炭挥发分 |
|---|---|---|---|---|---|---|---|---|
| | / | # | 蒸吨/h | # | t或m³ | % | % | % |
| # | | | | | # | | | |
| GL1 | | | | | | | | |
| GL2 | | | | | | | | |
| GL3 | | | | | | | | |

三、窑炉信息

窑炉类型：(1) 新型干法 (2) 立窑 (3) 其他旋窑 (4) 粉磨

燃料类型：(1) 原煤 (2) 洗精煤 (3) 其他洗煤 (4) 型煤 (5) 焦炭 (6) 煤矸石 (7) 天然气

| 窑炉编号 | 窑炉铭牌型号 | 窑炉类型 | 窑炉燃料类型 | 燃料用量 t 或 m³ | 煤炭硫分 % | 煤炭灰分 % | 煤炭挥发分 % |
|---|---|---|---|---|---|---|---|
| # | # | / | / |  |  |  |  |
| YL1 |  |  |  |  |  |  |  |
| YL2 |  |  |  |  |  |  |  |

四、产品产量信息

| 产品编号 | 产品类型 | 产品名称 | 工艺编号 | 生产工艺 | 年产量 t |
|---|---|---|---|---|---|
| # | # | / | GY# | / |  |
| 1 |  |  | GY1 |  |  |
| 2 |  |  | GY2 |  |  |

产品月产量信息

产品月产量信息/t

| 产品名称 | 1 月 | 2 月 | 3 月 | 4 月 | 5 月 | 6 月 | 7 月 | 8 月 | 9 月 | 10 月 | 11 月 | 12 月 |
|---|---|---|---|---|---|---|---|---|---|---|---|---|
| # | / |  |  |  | t |  |  |  |  |  |  |  |

五、原辅材料使用信息

原辅材料使用信息

| 辅料编号 | 有机原料名称 | 有机原料使用量 t | 其他原辅材料名称 | 其他原辅材料使用量 t | 有机溶剂含量 % |
|---|---|---|---|---|---|
| # | / | t | / | t | % |
| 1 |  |  |  |  |  |
| 2 |  |  |  |  |  |

六、废有机溶剂回收

回收途径从下列序号中选择：(1) 外送回收 (2) 企业自身回收 (3) 其他（请注明）

| 名称 | 回收量 t/a | 回收途径 | 名称 | 回收量 t/a | 回收途径 |
|---|---|---|---|---|---|
| / | | | / | | |

七、污染物排放信息

| 烟囱编号 | 锅炉/窑炉工艺编号 GL#/YL#/GY# | 烟囱高度 m | 出口内径 m | 烟气温度 ℃ | 烟气流量 标m³/h | 年废气排放量 万标m³ | 原烟 $SO_2$ mg/m³ | 净烟 $SO_2$ mg/m³ | 原烟 $NO_x$ mg/m³ | 净烟 $NO_x$ mg/m³ | 原烟烟粉尘 mg/m³ | 净烟烟粉尘 mg/m³ |
|---|---|---|---|---|---|---|---|---|---|---|---|---|
| # | # | | | | | | | | | | | |
| 1 | | | | | | | | | | | | |
| 2 | | | | | | | | | | | | |
| 3 | | | | | | | | | | | | |

八、有机废气治理设施情况

处理技术：(1) 冷凝法 (2) 吸收法 (3) 吸附法 (4) 直接燃烧法 (5) 催化燃烧法 (6) 催化氧化法 (7) 催化还原法 (8) 冷凝净化法 (9) 其他方法（列出名称）

| 处理程序编号 | 处理技术 # | 处理方法 | 处理污染物名称 | 对应的生产工艺 # | 有机废气排放浓度 mg/m³ | 年运行时间 h | 设备风量 m³/h |
|---|---|---|---|---|---|---|---|
| # | # | | | # | | | |
| 1 | | | / | | | | |
| 2 | | | | | | | |
| 3 | | | | | | | |

九、其他废气治理设施情况

脱硫工艺：(1) 烟气循环流化床法 (2) 炉内喷钙法 (3) 石灰石/石灰–石膏法 (4) 双碱法 (5) 海水法 (6) 氧化镁法 (7) 氨法 (8) 密相干法 (9) 旋转喷雾干燥法 (10) 其他脱硫技术

脱硝工艺：(1) 普通低氮燃烧器 (2) 高效低氮燃烧器 (3) 选择性非催化还原法 (4) 选择性催化还原法 (5) 其他脱硝技术

除尘工艺：(1) 重力沉降法 (2) 惯性除尘法 (3) 湿法除尘法 (4) 普通静电除尘法 (5) 高效静电除尘法 (6) 过滤式除尘法 (7) 电袋复合除尘法 (8) 单筒旋风除尘法 (9) 多管旋风除尘法 (10) 无组织尘一般控制技术 (11) 无组织尘高效控制技术 (12) 其他除尘技术

注：若为静电除尘，需指明电场数，如四电场、五电场等

| 锅炉或生产炉或生产工艺编号 | 脱硫工艺 | 脱硫效率 | 年运行时间 | 脱硝工艺 | 脱硝效率 | 年运行时间 | 除尘工艺 | 除尘效率 | 年运行时间 |
|---|---|---|---|---|---|---|---|---|---|
| | / | % | h | / | % | h | / | % | h |
| GL#/YL#/GY# | | | | | | | | | |
| | | | | | | | | | |
| | | | | | | | | | |
| | | | | | | | | | |

十、生产工艺流程

对生产工艺流程的简要说明：

单位负责人：　　　联系方式：　　　填表人：　　　联系方式：　　　填表日期：　　　年　月　日

　　然而，以上活动水平及获取都是基于保有量计算方法的，在实际道路机动车污染物排放的计算过程中，采用保有量的计算是值得商榷的，因为，道路上行驶的车辆不一定只是本地的，本地牌照的车辆并一定只在本地行驶。因此，道路移动源污染物的排放如若基于道路车流量来计算将是较为准确的。

　　在基于道路车流量来计算道路移动源排放量时，除了获取道路车流量之外，还需要获取道路分车型平均车速、道路长度、机动车保有量等数据，其中，机动车保有量数据可以作为柴油车、汽油车以及其他车辆的分类依据。车流量、车速、道路长度和机动车保有量数据可以从交通局（或者交管局）来获取，道路长度也可以基于 ArcGIS 软件来获取。

### 2．活动水平数据的实地调查

　　在车流量、车速和道路长度数据的获取过程中，最简单有效的方式是从交通相关部门来获取，然而，交通部门存有的数据量大、种类多，一般都需要进行二次加工，因此，在与交通部门对接的过程中，为了彼此的方便，并不一定非要交通部门按照清单计算需求的数据类型和格式进行提交，可以直接提交交通部门现有的较全的数据，一般稍做加工便符合道路移动源排放量计算的需求。

　　在与交通部门对接获取活动水平数据的过程中，需要提前准备好数据需求表格，表格可以分为两类：机动车保有量信息表和道路机动车信息表。两类信息表如表 3.2、表 3.3。

表 3.2　机动车保有量信息表

| 车型 | | 使用类型 | 燃料类型 | 保有量/辆 | 登记注册日期 |
|---|---|---|---|---|---|
| 载客汽车 | 微型 | 出租车 | 汽油 | | |
| | | | 柴油 | | |
| | | 其他 | 汽油 | | |
| | | | 柴油 | | |
| | 小型 | 出租车 | 汽油 | | |
| | | | 柴油 | | |
| | | | 其他 | | |

| 车型 | 使用类型 | | 燃料类型 | 保有量/辆 | 登记注册日期 |
|---|---|---|---|---|---|
| 载客汽车 | 小型 | 其他 | 汽油 | | |
| | | | 柴油 | | |
| | | | 其他 | | |
| | 中型 | 公交车 | 汽油 | | |
| | | | 柴油 | | |
| | | | 其他 | | |
| | | 其他 | 汽油 | | |
| | | | 柴油 | | |
| | | | 其他 | | |
| | 大型 | 公交车 | 汽油 | | |
| | | | 柴油 | | |
| | | | 其他 | | |
| | | 其他 | 汽油 | | |
| | | | 柴油 | | |
| | | | 其他 | | |
| 载货汽车 | 微型 | | 汽油 | | |
| | | | 柴油 | | |
| | 轻型 | | 汽油 | | |
| | | | 柴油 | | |
| | 中型 | | 汽油 | | |
| | | | 柴油 | | |
| | 重型 | | 汽油 | | |
| | | | 柴油 | | |
| 低速载货汽车 | 三轮汽车 | | 柴油 | | |
| | 低速汽车 | | 柴油 | | |
| 摩托车 | 普通摩托车 | | 汽油 | | |
| | 轻便摩托车 | | 汽油 | | |

说明：若无完全匹配数据，请提供现有的所有相关数据。

表 3.3　道路机动车信息表

| 道路名称 | 道路长度/m | 平均车流量/（辆/d） | | | | | | | | 平均车速/（m/s） | | | | | | | |
|---|---|---|---|---|---|---|---|---|---|---|---|---|---|---|---|---|---|
| | | 小型客车 | 中型客车 | 大型客车 | 小型货车 | 中型货车 | 大型货车 | 三轮车 | 摩托车 | 小型客车 | 中型客车 | 大型客车 | 小型货车 | 中型货车 | 大型货车 | 三轮车 | 摩托车 |
| | | | | | | | | | | | | | | | | | |
| | | | | | | | | | | | | | | | | | |
| | | | | | | | | | | | | | | | | | |
| | | | | | | | | | | | | | | | | | |
| | | | | | | | | | | | | | | | | | |
| | | | | | | | | | | | | | | | | | |
| | | | | | | | | | | | | | | | | | |

说明：若无完全匹配数据，请提供现有的所有卡口数据。

### 3.3.2　非道路移动源

#### 1. 活动水平及获取途径

在《非道路移动源大气污染物排放清单编制技术指南》（以下简称《指南》）中对非道路移动源的活动水平获取做了一些说明，《指南》把活动水平的获取分为了四类：非道路机械，铁路内燃机车、内河及沿海船舶，民航飞机，燃油硫含量。其中，获取的非道路机械活动水平主要有保有量、燃油消耗量、农用运输车年均行驶里程、额定净功率、负载因子、年均使用小时数，最主要的是前两个，后面四个可以采用《指南》推荐值；获取的铁路内燃机车、内河及沿海船舶活动水平主要有铁路内燃机车燃油消耗量、船舶燃油消耗量；民航飞机获取的活动水平主要有飞机起飞着陆循环次数；燃油硫含量数据可以采用《指南》推荐值。

郑君瑜等（2014）在其著作中也对非道路移动源活动水平的获取按照船舶、飞机、铁路机车、其他非道路移动源等做了说明。其中，获取的船舶活动水平有船舶类型、分类型保有量、载重级、载客位，船舶发动机类型、转速、数量、功率分布，燃料类型、含硫率，船舶抵港离港次数，不同模式的活动时间和航行速度；获取的飞机活动水平数据有燃料类型、含硫率，飞机型号及其数量，飞机引擎类型及其数据，不同型号飞机在各种模式下所用的时间，各型号飞机对应的 LTO 周期数，飞机的 LTO 周期总数；获取的铁路机车活动水平数据有燃料类型及其消耗量、含硫率，铁路机车的客、货周转量，铁路机车的万吨公里油耗量；获取的其他非道路移动源活动水平数据有燃料类型及其消耗量、含硫率，各类型机械的保有量，各类型机械发动机额定功率，负载因子，各类型机械的年均工作时间。

　　由上可知，非道路移动源的活动水平的获取涉及多部门、多区域，在非道路移动源业务化清单编制过程中，能及时获取更新的活动水平数据主要有工程机械、农业机械等信息，其他活动水平数据可参考《指南》或者研究文献、著作。

## 2. 活动水平数据的实地调查

表 3.4　非道路移动源活动水平数据实地调查表

| 街道名称 | 类型 | | 保有量/台 | 燃料年消耗量/<br>（t/台） | 销售日期 |
|---|---|---|---|---|---|
| | 工程机械 | 挖掘机 | | | |
| | | 推土机 | | | |
| | | 装载机 | | | |
| | | 叉车 | | | |
| | | 压路机 | | | |
| | | 摊铺机 | | | |
| | | 平地机 | | | |
| | | 其他 | | | |
| | 农业机械 | 大中型拖拉机 | | | |
| | | 小型拖拉机 | | | |
| | | 联合收割机 | | | |
| | | 三轮农用运输车 | | | |
| | | 四轮农用运输车 | | | |
| | | 排灌机械 | | | |
| | | 其他 | | | |
| | 小型通用机械 | 手持式 | | | |
| | | 非手持式 | | | |

| 街道名称 | 类型 | | 保有量/台 | 燃料年消耗量/<br>（t/台） | 销售日期 |
|---|---|---|---|---|---|
| | 柴油发电机组 | | | | |
| | 船舶 | 客运 | | | |
| | | 货运 | | | |
| | 铁路内燃机车 | 客运 | | | |
| | | 货运 | | | |
| | 民航飞机 | | | | |

说明：若无完全匹配数据，请提供现有的所有相关数据。

## 3.4　扬尘源

活动水平数据是扬尘源清单编制中的基础性信息，通过一系列定量数值反映调查区域中各扬尘源类起尘活动的活跃程度。不同城市、不同季节的扬尘源活动水平存在明显差异，要通过实测获取。

### 3.4.1　土壤扬尘

土壤扬尘源活动水平数据由面源方式获取。将遥感卫星图像按照研究区域行政区划进行裁剪拼接，得到全部研究区域遥感卫星图像，并对其进行土地利用类型分类，根据裸地在研究区域的分配比例得到研究区域裸地土壤的面积。

### 3.4.2　道路扬尘

道路扬尘源活动水平数据由面源方式获取。通过分析研究区域道路分布 GIS 底图，并结合遥感分类图像解译获得研究区域不同道路类型的道路长度。

### 3.4.3　施工扬尘

施工扬尘源活动水平数据由调研获得。通过发放施工扬尘源调查表和实地排查统计获得施工扬尘源活动水平。调研内容包括施工工地的地理位置[经纬度、具体位置（具体到街道/乡镇/村）、所在功能区等]和施工扬尘的性质（施工类型、建筑施工面积、施工阶段划分、控制措施、控制效率等）。

### 3.4.4 堆场扬尘

堆场扬尘源活动水平数据由调研获得。通过发放堆场扬尘源调查表和实地排查统计获得堆场扬尘源活动水平。调研内容包括堆场的地理位置[经纬度、具体位置（具体到街道/乡镇/村）、所在功能区等]和堆场扬尘的性质（物料种类、物料装卸量、料堆表面积、控制措施、控制效率等）。

## 3.5 溶剂使用源

由于溶剂使用源涉及生产生活领域众多，测算方法各有差异，测算所需的活动水平数据也不相同。基于原辅料使用量或产品产量的排放因子法，需要获取行业企业产品产值、产量、原料等信息；基于人口数量的排放因子法，则需要获取区域人口密度等信息。现将该源活动水平获取途径按工业溶剂使用源和非工业溶剂使用源分别进行总结。

### 3.5.1 工业溶剂使用源

工业溶剂使用源活动水平数据主要包括企业的名称、地址、经纬度、与排放量计算相关的原辅材料和产品产量等数据。其中，物料衡算法需获取活动水平数据包括：原辅料类型及使用量、原辅料 VOCs 含量、产品产量、产品 VOCs 含量、治理措施类型、治理措施去除效率等；基于原辅料使用量的排放因子法需获取活动水平数据包括：产品类型和产量、原辅料类型和使用量、单位产品消耗油漆量、单位产值消耗油漆量、单位涂装面积涂料使用量等；基于产品产量的排放因子法需获取产品类型和产量。

以上数据调研获取途径主要包括：①环境统计年鉴中企业年度产品产量信息；②污染物排放申报登记年度统计数据企业产品产量信息；③省、区、市统计年鉴产品产量数据；④污染源普查数据；⑤相关行业报告。实地调研调查表格与本章3.2 节工业过程源调查表相同，见表 3.1。

### 3.5.2　非工业溶剂使用源

非工业溶剂使用源使用零散、分散，其含 VOCs 的产品用量难以统计，故使用基于人口数据的排放因子法计算溶剂使用源排放量，需获取测算区域人口数量。数据获取采取"自上而下"的方法，可调研相关省、区、市、区县的统计年鉴数据或人口密度数据。

## 3.6　存储与运输源

对于存储与运输源不同流通过程的排放量测算，需要各类型液态石油产品和有机化学品的储量和装卸量、油气使用量等相关活动水平数据。本节分别总结了有机液体存储储罐和加油站的活动水平获取途径。

### 3.6.1　有机液体存储储罐

罐类源是目前环境统计、污染源普查等官方已有的统计数据中都没有涉及的源，相关基础数据非常匮乏。而采用公式模型法进行有机储罐的 VOCs 排放计算，涉及大量与储罐相关的基础活动水平数据，如储罐类型、储罐长度或高度、储罐直径、储罐容积、最大液面高度、平均液面高度、外壳状态、内衬状态、槽顶/侧面颜色、顶盖油漆状况、喘息通风口真空设置、喘息通风口压力设置、加热状态、储液种类/名称、周转次数、核算期周转量、气象条件等。

根据这些活动水平信息数据需求，本节按照固定罐、浮顶罐等不同类型制作了相应的调查表格，涉及的相关工业企业行业类别主要有原油加工及石油制品制造、有机化学原料制造、初级形态塑料及合成树脂制造、合成橡胶制造、合成纤维单体（聚合）制造以及石油化工仓储业等。为获取工业企业有机储罐 VOCs 排放的活动水平数据而设计的专向调查表格样例如表 3.5、表 3.6 所示。

表 3.5　固定罐储罐调查表

| | | |
|---|---|---|
| 储罐名称 | | |
| $D$ 储罐直径/m | | |
| $Hs/L$ 储罐高度/长度/m | | |
| $T_{AX}$ 日最高环境温度/℃ | | |
| $T_{AN}$ 日最低环境温度/℃ | | |
| $T_{LA}$ 年平均实际储存温度/℃ | | |
| $\alpha$ 储罐颜色 | 白色 | |
| | 银灰色 | |
| | 黑色 | |
| | 浅灰色 | |
| | 中灰色 | |
| | 绿色 | |
| $H_L$ 液面平均高度/m | | |
| 罐顶类型 | $S_R$ 锥顶罐锥顶斜率 | |
| | $R_R$ 拱顶罐拱顶半径/m | |
| $P_{VA}$ 日平均液面温度下的饱和蒸气压-绝压/Pa | | |
| 储存物质 | 储存物料名称 | |
| | 物料 CAS 码 | |
| | 储存物料密度/（t/m³） | |
| | $M_V$ 气相分子质量/（g/mol） | |
| | 油品或原油 | RVP 雷德蒸气压/Pa |
| | | 15%馏出温度/℃ |
| | | 5%馏出温度/℃ |
| | 单一物质 | 安托因常数 $A$ |
| | | 安托因常数 $B$ |
| | | 安托因常数 $C$ |
| $P_I$ 正常工况条件下气相空间压力-表压/Pa | | |
| $P_A$ 大气压-绝压/Pa | | |
| $P_{BP}$ 呼吸阀压力设定-表压/Pa | | |
| $N$ 年周转次数 | | |
| $Q$ 年周转量/m³ | | |
| $Q$ 年周转量/t | | |
| 有控制措施 | $C_{入口,i}$ 有机气体控制设施入口 VOCs 浓度年平均值/（mg/m³） | |
| | $C_{出口,i}$ 有机气体控制设施出口 VOCs 浓度年平均值/（mg/m³） | |
| | $Q_i$ 有机气体控制措施出口流量/（m³/h） | |
| | $t_i$ 有机气体控制措施运行时间/h | |

表 3.6　浮顶罐储罐调查表

| | | | |
|---|---|---|---|
| 储罐名称 | | | |
| 浮顶罐类型 | 外浮顶罐 | | |
| | 内浮顶罐 | | |
| | 穹顶外浮顶罐 | | |
| $D$ 储罐直径/m | | | |
| 储罐高度/m | | | |
| 焊接 | 机械式鞋形密封 | | |
| | 只有一级 | | |
| | 边缘靴板 | | |
| | 边缘刮板 | | |
| | 液体镶嵌式（接触液面） | | |
| | 只有一级 | | |
| | 挡雨板 | | |
| | 边缘刮板 | | |
| | 气体镶嵌式（不接触液面） | | |
| | 只有一级 | | |
| | 挡雨板 | | |
| | 边缘刮板 | | |
| 铆接 | 机械式鞋形密封 | | |
| | 只有一级 | | |
| | 边缘靴板 | | |
| | 边缘刮板 | | |
| $v$ 罐点平均环境风速/（m/s） | | | |
| $T_{LA}$ 年平均实际储存温度/℃ | | | |
| $P_{VA}$ 日平均液面温度下的饱和蒸气压-绝压/Pa | | | |
| 储存物质 | 储存物料名称 | | |
| | 物料 CAS 码 | | |
| | $M_V$ 气相分子质量/（g/mol） | | |
| | 有机液体密度/（t/m³） | | |
| | 油品或原油 | 雷德蒸气压/Pa | |
| | | 15%馏出温度/℃ | |
| | | 5%馏出温度/℃ | |
| | 单一物质 | 安托因常数 $A$ | |
| | | 安托因常数 $B$ | |
| | | 安托因常数 $C$ | |

| 储罐名称 | | |
|---|---|---|
| 罐壁内壁状况 | 轻锈（储罐内壁平均每年除锈一次） | |
| | 中锈（储罐内壁平均两年除锈一次） | |
| | 重锈（储罐内壁平均三年及以上除锈一次） | |
| $P_A$ 大气压-绝压/Pa | | |
| $Nc$ 固定顶支撑柱数量 | | |
| 浮盘附件 | 状态 | |
| 人孔 | 螺栓固定盖子，有密封件 | |
| | 无螺栓固定盖子，无密封件 | |
| | 无螺栓固定盖子，有密封件 | |
| 计量井 | 螺栓固定盖子，有密封件 | |
| | 无螺栓固定盖子，无密封件 | |
| | 无螺栓固定盖子，有密封件 | |
| 支柱井 | 内嵌式柱形滑盖，有密封件 | |
| | 内嵌式柱形滑盖，无密封件 | |
| | 管柱式滑盖，有密封件 | |
| | 管柱式挠性纤维衬套密封 | |
| 取样管/井 | 有槽管式滑盖/重加权，有密封件 | |
| | 有槽管式滑盖/重加权，无密封件 | |
| | 切膜纤维密封（开度10%） | |
| 有槽导杆和取样井 | 无密封件滑盖（不带浮球） | |
| | 有密封件滑盖（不带浮球） | |
| | 无密封件滑盖（带浮球） | |
| | 有密封件滑盖（带浮球） | |
| | 有密封件滑盖（带导杆凸轮） | |
| | 有密封件滑盖（带导杆衬套） | |
| | 有密封件滑盖（带导杆衬套及凸轮） | |
| | 有密封件滑盖（带浮球和导杆凸轮） | |
| | 有密封件滑盖（带浮球、衬套和凸轮） | |
| 无槽导杆和取样井 | 无衬垫滑盖 | |
| | 无衬垫滑盖带导杆 | |
| | 衬套衬垫带滑盖 | |
| | 有衬垫滑盖带凸轮 | |
| | 有衬垫滑盖带衬套 | |
| 呼吸阀 | 附重加权，未加密封件 | |
| | 附重加权，加密封件 | |

| 储罐名称 | | |
|---|---|---|
| 浮盘支柱 | 可调式（浮筒区域）有密封件 | |
| | 可调式（浮筒区域）无密封件 | |
| | 可调式（中心区域）有密封件 | |
| | 可调式（中心区域）无密封件 | |
| | 可调式，双层浮顶 | |
| | 可调式（浮筒区域），衬垫 | |
| | 可调式（中心区域），衬垫 | |
| | 固定式 | |
| 边缘通气阀 | 配重机械驱动机构，有密封件 | |
| | 配重机械驱动机构，无密封件 | |
| 楼梯井 | 滑盖，有密封件 | |
| | 滑盖，无密封件 | |
| 浮盘排水 | / | |
| 浮盘构造 | 浮筒式浮盘 | |
| | 双层板式浮盘 | |
| $N$ 年周转次数 | | |
| $Q$ 年周转量/m³ | | |
| $Q$ 年周转量/t | | |
| 有控制措施 | $C_{入口, i}$ 有机气体控制设施入口 VOCs 浓度年平均值/（mg/m³） | |
| | $C_{出口, i}$ 有机气体控制设施出口 VOCs 浓度年平均值/（mg/m³） | |
| | $Q_i$ 有机气体控制措施出口流量/（m³/h） | |
| | $t_i$ 有机气体控制措施运行时间/h | |

### 3.6.2　加油站

关于加油站液体燃料销售量的活动水平数据，可通过对具体的石油企业进行调研来获得各个加油站的油品消耗量信息。需获取数据包括企业基本信息、汽油销售量、柴油销售量、油气回收处理（一次回收系统、二次回收系统、三次回收系统）装置等相关信息。设计专项调查表格样例如表 3.7 所示。

表 3.7　加油站调查表

| 序号 | 加油站名称 | 加油站地址 | 经度 | 纬度 | 加油站类别 | 汽油年销售量/t | 柴油年销售量/t | 油气回收处理措施 |
|---|---|---|---|---|---|---|---|---|
|  |  |  |  |  |  |  |  |  |
|  |  |  |  |  |  |  |  |  |
|  |  |  |  |  |  |  |  |  |
|  |  |  |  |  |  |  |  |  |
|  |  |  |  |  |  |  |  |  |

## 3.7　农牧源

### 3.7.1　活动水平数据及获取途径

对于农牧源活动水平数据的获取,《大气氨源排放清单编制技术指南(试行)》(以下简称《指南》)按照农田生态系统、畜禽养殖业两类进行了说明。其中,获取的农田生态系统活动水平有氮肥施用量、耕地面积、固氮植物种植面积、秸秆量,获取的畜禽养殖业活动水平有畜禽种类的饲养量、饲养周期。而获取途径主要是建议以县市统计资料为优先,其次运用国家统计年鉴数据。

郑君瑜等(2014)对农牧源活动水平的获取从畜牧业、氮肥施用、农药施用等三方面进行了阐述。其中,主要获取的畜牧业数据有畜禽类型及各类型畜禽的年底出栏数或存栏数、禽蛋产量、平均蛋重、年均产蛋个数;氮肥施用活动水平主要获取氮肥种类及其施用量、各种氮肥的施用比例、农作物类型及其种植面积、各种氮肥在不同农作物种植中的单位面积施用量等;农药施用活动水平主要获取农药种类及其施用量、农药中的有效成分比例等。

而在清单业务化建立时,农牧源数据的获取主要来自街道或镇的统计数据,获取的主要数据有畜禽种类的饲养量和饲养周期以及各氮肥的施用量,其他参数可参考《指南》或其他研究文献。

### 3.7.2 活动水平数据的实地调查

表 3.8 是农牧源活动水平数据获取的调查表，获取的活动水平有农作物种植面积、氮肥施用信息、秸秆处置信息、畜禽种类的存栏数、出栏数。

表 3.8 农牧源活动水平数据调查表

| 农作物类型（玉米、小麦、水稻） | 种植面积/亩 | 基肥施用月份 | 基肥施用量/kg | | | | | 追肥施用月份 | 追肥施用量/kg | | | | | 收割月份 | 秸秆处置量/kg | | | |
|---|---|---|---|---|---|---|---|---|---|---|---|---|---|---|---|---|---|---|
| | | | 氮肥 | 磷肥 | 钾肥 | 复合肥 | 其他 | | 氮肥 | 磷肥 | 钾肥 | 复合肥 | 其他 | | 还田 | 焚烧 | 运走 | 不做处理 |
| | | | | | | | | | | | | | | | | | | |
| | | | | | | | | | | | | | | | | | | |

| 畜禽种类 | 年底存栏数/（头/羽） | 年底出栏数/（头/羽） | |
|---|---|---|---|
| | | 街道名称： | 村庄名称： |

填表单位： 填表时间： 年 月 日
填表人： 联系方式： 审核人：

## 3.8 生物质燃烧源

### 1. 户用生物质炉具

不同类型的生物质，其燃烧量影响差别较大。户用秸秆及户用薪柴燃烧水平主要与农作物类型、秸秆家用燃烧比例等因素相关；生物质开放燃烧活动水平中，秸秆露天焚烧活动水平与露天焚烧比例等因素密切相关；森林、草原火灾的生物质燃烧量，则受到气象条件、火灾面积、植被类型等方面的影响。

### 1）户用秸秆和户用薪柴燃烧水平

户用秸秆和薪柴作为农村非商品能源，其消费量有三种常规获取方式：一是从当地能源统计数据或农业统计数据处获取。二是在无法采用以上途径直接获取相关信息时，可自行开展各种农作物秸秆和薪柴使用情况的调查分析。调查过程中详细记录调查地点（市、区/县、乡/镇、村）、调查时间（年/月/日）、农作物秸秆使用量（玉米秸秆、小麦秸秆、水稻秸秆、其他秸秆）、薪柴年使用量等基本信息。三是在当地不具备秸秆、薪柴统计数据，且没有条件开展调查时，可基于上一级行政区划的统计数据并利用农村人口密度等代用参数插值获得。具体方法是，首先从本地统计数据和上级行政区域的统计年鉴中获得本地和上级行政区域的农村人口数，计算本地农村人口占上级行政区域总农村人口的比例；用该比例乘以上级行政区域秸秆、薪柴作为农村能源的消费量，即可估算得到本地秸秆、薪柴作为农村能源的消费量。

由于我国长期以来一直缺少秸秆作为家庭传统燃料的使用数据统计和秸秆露天焚烧的具体数据统计，因此在清单编制时可参考相关政府部门对秸秆综合利用情况、露天焚烧情况的介绍，并结合本地情况对秸秆户用燃烧比例和露天焚烧比例进行推测设定。

此外，随着环境压力的逐渐增大、科技的不断进步，秸秆的综合利用在我国各地广为推广。其主要包括秸秆的肥料化利用、饲料化利用、基料化利用、原料化利用、能源化利用等。其中肥料化利用指利用机械化收割设备对秸秆进行粉碎还田，既避免秸秆露天焚烧对环境的污染，又通过将秸秆中的有机质和养分还田，改善土壤的理化性状，提高了土地肥力。饲料化利用即通过对秸秆进行一定的物理、化学或生物方法进行处理制成饲料，饲喂牛、羊、马等大牲畜，并将其粪便还田的过程。基料化利用指利用来源充足、价格低廉、营养丰富的秸秆作为食用菌基料进行菌种培养，不仅减少了对环境的污染，还可以创造极高的经济价值。原料化利用指将秸秆作为工业原料，如纸浆原料、保温材料、包装材料、各类轻质板材的原料等。能源化利用指将秸秆利用从传统的农村传统低效燃烧扩展到秸秆沼气、秸秆固化成型、燃料、秸秆热解气化、直接发电和秸秆干馏等高效利用方式。

2）牲畜粪便燃烧活动水平

牲畜粪便的活动水平 $A$，也就是牲畜粪便燃烧量（t），可采用下式进行估算：

$$A=D \times Y \times C \times P \tag{3-1}$$

式中：$D$——牲畜年底存栏数，个；

　　　$Y$——单一牲畜年均粪便产量，t/个；

　　　$C$——牲畜粪便中干物质含量，t/t；

　　　$P$——牲畜粪便燃烧比例，%。

## 2. 生物质开放燃烧活动水平

生物质开放燃烧包括秸秆露天焚烧、森林火灾、草原火灾等三类。

1）秸秆露天焚烧活动水平获取

由于目前的公开资料中尚未有直接的秸秆露天焚烧量统计，故秸秆露天焚烧的活动水平可按照下式来估算：

$$A=P \times N \times R \times \eta \tag{3-2}$$

式中：$A$——秸秆露天焚烧活动水平，也就是秸秆露天焚烧消耗的生物量，t；

　　　$P$——农作物产量，t；

　　　$N$——草谷比，指秸秆干物质量与作物产量的比值，量纲一；

　　　$R$——秸秆露天焚烧比例，量纲一；

　　　$\eta$——燃烧率，量纲一。

农作物产量数据来源于农业部的统计资料；各类农作物草谷比采用《生物质燃烧源大气污染物排放清单编制指南》推荐参数，详细数值见表 3.9。秸秆露天焚烧比例 $R$ 在各地区差异同样较大，其取值视当地经济发展水平、农村人口密度、秸秆综合利用情况、农村常用能源（煤炭天然气沼气等）普及程度、秸秆禁烧政策管控是否严格等多种条件综合考虑。在有条件的情况下，对当地分区域进行抽样调查获得焚烧比例为宜。

表 3.9　各类农作物平均草谷比

| 作物类型 | 水稻 | 小麦 | 玉米 | 其他主要作物 |
| --- | --- | --- | --- | --- |
| 草谷比 | 1.323 | 1.718 | 1.269 | 1.5 |

2）森林火灾活动水平获取

森林火灾的活动水平 $A$，也就是森林火灾消耗的生物量（t），按照下式进行计算：

$$A=\text{AR}\times D\times\eta \tag{3-3}$$

式中：AR——火灾受害面积，$hm^2$；

$\quad\quad D$——森林干生物量，$t/hm^2$；

$\quad\quad \eta$——燃烧率。

各地区森林火灾受害面积可参考国家林业局的年度森林火灾统计资料及《中国统计年鉴》。森林火灾统计可按省级区域进行统计，由于不同植被气候带的生物量有所差别，按照植被气候带分配受害面积；如果 1 个省级区域处于 1 个气候带，则受害面积全部分配到该气候带；如果 1 个省级区域处于 2 个或多个气候带，将森林火灾受害面积分配到不同气候带。

森林干生物量因为不同植被气候带的生物量有所差别，不同植被带平均生物量见表 3.10。不同植被带的平均燃烧率可参考《生物质燃烧源大气污染物排放清单编制技术指南（试行）》，选取 0.5。

表 3.10　各植被带森林平均地上生物量　　　　　　　　　　单位：$t/hm^2$

| 植被带 | 热带 | 南亚热带 | 中亚热带 | 北亚热带 | 暖温带 | 温带 | 寒温带 | 西藏区 |
| --- | --- | --- | --- | --- | --- | --- | --- | --- |
| 生物量 | 348 | 178 | 143 | 98 | 55 | 157 | 93 | 121 |

3）草原火灾

草原火灾的活动水平 $A$，也就是草原火灾消耗的生物量（t），按照下式进行计算：

$$A=\text{AR}\times D\times\eta \tag{3-4}$$

式中：AR——火灾受害面积，$hm^2$；

$\quad\quad D$——草原干生物量，$t/hm^2$；

$\quad\quad \eta$——燃烧率。

各地区草原火灾过火面积来源于农业部的统计资料，草原火灾统计是按省级区域进行统计的，由于不同草地类型的生物量有所差别，按照草地类型分配受害面积；对于 1 个省级区域处于 1 个草地类型，则过火面积全部分配到该草地类型；对于 1 个省级区域处于 2 个或多个草地类型，将过火面积分配到不同的草地类型。不同草地类型的生物量见表 3.11。燃烧率可参考《生物质燃烧源大气污染物排放清单编制技术指南（试行）》，选取 0.8。

表 3.11　不同草地类型的平均地上生物量　　　　单位：t/hm²

| 草地类型 | 温性草甸草原 | 温性草原 | 温性荒漠草原 | 温性荒漠 | 低地草甸 |
|---|---|---|---|---|---|
| 生物量 | 1.579 | 0.872 | 0.492 | 0.344 | 1.674 |
| 草地类型 | 山地草甸 | 暖性草丛 | 热性草丛 | 高寒草甸 | 高寒草原 |
| 生物量 | 1.617 | 1.643 | 2.643 | 0.882 | 0.268 |

## 3.9　天然源

天然源（GloBEIS 模型计算）的活动水平数据主要有土地利用类型和气象数据，土地利用类型可通过遥感获取，气象数据可从专业气象网站或者气象局来获取。其他天然源活动水平数据可参考相关科研文献。

## 3.10　其他排放源

餐饮源活动水平数据分为家庭餐饮和社会餐饮两大部分。其中家庭餐饮源按每户家庭一个灶头计算，家庭户籍数据可从地区环境统计年鉴中获取。

社会餐饮源主要包括各类中西餐馆、火锅店、烧烤店、快餐店、小吃店等以及大型宾馆酒店、学校、大型医院等地点的内部就餐场所。可通过实地调研结合地区工商管理部门的有关数据获取活动水平数据。

餐饮源的活动水平 $A$，也就是餐饮业油烟烟气排放量（m³）。采用下面的公式进行计算：

$$A = n \times V \times H \tag{3-5}$$

式中：$n$——固定炉头数；

　　　$V$——烟气排放速率，$m^3/h$；

　　　$H$——年总经营时间，$h$。

如果有详细的统计信息，餐饮油烟源可按点源进行处理；如果缺少逐个餐饮企业的具体信息，则按面源进行处理。

若处理为点源，应逐个餐饮企业调查收集活动水平信息。需获取的数据包括餐饮企业的地理位置、固定炉头数、烟气排放速率、年总经营时间、经营时间变化曲线、烟气净化器安装情况等。

若处理为面源，应按照清单中最小行政区单元收集活动水平信息。可从当地工商局等调研获取餐饮企业的数量、规模。其中，大型餐饮企业的炉头数大于等于6，中型餐饮企业的炉头数大于等于3、小于6，小型餐饮企业的炉头数大于等于1、小于3。在有条件的情况下，宜通过抽样调查的方法获得不同规模类型企业的烟气排放速率、年总经营时间、烟气净化器安装比例等信息。

活动水平数据调查收集应与环境数据统计体系结合，从环境统计和污染源普查等数据库获取相关企业信息，并开展实地调查完善和补充。

# 第4章 排放因子与化学成分谱本地化测试

## 4.1 排放因子收集

### 4.1.1 固定燃烧源

收集获取方法主要包括实测法、估算法、文献调研法。排放因子获取方法优选采用实测法，如没有实测数据，则依次采用估算法与文献调研法。获取途径主要来源于环保部清单编制指南《大气可吸入颗粒物一次源排放清单编制技术指南（试行）》《大气细颗粒物一次源排放清单编制技术指南（试行）》《大气挥发性有机物源排放清单编制技术指南（试行）》《大气氨源排放清单编制技术指南（试行）》等技术指南和国内外文献中推荐的排放因子。

### 4.1.2 工业过程源

不同控制技术对不同粒径段颗粒物的去除效率不同，即使对于某一具体的污染源，不同控制技术对于颗粒物的总去除效率除受该技术的分粒径段去除效率影响外，还与该污染源排放的粒径分布及排放源排放环境等因素相关。

工业过程源排放因子主要参考《大气细颗粒物一次源排放清单编制技术指南（试行）》《大气可吸入颗粒物一次源排放清单编制技术指南（试行）》《大气挥发性有机物源排放清单编制技术指南（试行）》《大气氨源排放清单编制技术指南（试行）》《城市大气污染物排放清单编制技术手册》等清单编制指南。其中，PM 的产物系数清单指南中未给出，现参考《第一次全国污染源普查工业污染源产排污系数手册》、美国 AP-42 排放因子库、欧盟 CORINAIR 因子库等其他文献资料，对排放因子进行补充，见表 4.1。

表 4.1  工业过程源 PM 排放因子（产污系数）

| 部门/行业 | 产品 | 工艺技术 | PM |
|---|---|---|---|
| 黑色金属冶炼和压延加工业 | 焦炭 | 机械炼焦 | 9.92 |
| 黑色金属冶炼和压延加工业 | 焦炭 | 土法炼焦 | 9.92 |
| 黑色金属冶炼和压延加工业 | 烧结矿 | 烧结_有组织排放 | 16.65 |
| 黑色金属冶炼和压延加工业 | 烧结矿 | 烧结_无组织排放 | 0.30 |
| 黑色金属冶炼和压延加工业 | 球团矿 | 球团_有组织排放 | 2.65 |
| 黑色金属冶炼和压延加工业 | 球团矿 | 球团_无组织排放 | 0.30 |
| 黑色金属冶炼和压延加工业 | 生铁 | 高炉_有组织排放 | 12.50 |
| 黑色金属冶炼和压延加工业 | 生铁 | 高炉_无组织排放 | 0.18 |
| 黑色金属冶炼和压延加工业 | 粗钢 | 转炉_有组织排放 | 18.50 |
| 黑色金属冶炼和压延加工业 | 粗钢 | 转炉_无组织排放 | 0.35 |
| 黑色金属冶炼和压延加工业 | 粗钢 | 电炉_有组织排放 | 17.20 |
| 黑色金属冶炼和压延加工业 | 粗钢 | 电炉_无组织排放 | 0.30 |
| 黑色金属冶炼和压延加工业 | 铸铁 | 铸造_有组织排放 | 17.60 |
| 黑色金属冶炼和压延加工业 | 铸铁 | 铸造_无组织排放 | 0.10 |
| 有色金属冶炼和压延加工业 | 电解铝 | 一次冶炼 | 100.00 |
| 有色金属冶炼和压延加工业 | 精炼铜 | 一次冶炼 | 296.05 |
| 有色金属冶炼和压延加工业 | 精炼铜 | 再生生产 | 296.05 |
| 有色金属冶炼和压延加工业 | 锌 | 一次冶炼 | 233.06 |
| 有色金属冶炼和压延加工业 | 锌 | 再生生产 | 233.06 |
| 有色金属冶炼和压延加工业 | 铅 | 一次冶炼 | 383.10 |
| 有色金属冶炼和压延加工业 | 铅 | 再生生产 | 321.63 |
| 有色金属冶炼和压延加工业 | 其他有色金属 | 不分技术 | 276.00 |
| 有色金属冶炼和压延加工业 | 氧化铝 | 不分技术 | 396.17 |
| 有色金属冶炼和压延加工业 | 氧化锌 | 不分技术 | 124.84 |
| 非金属矿物制品业 | 熟料 | 新型干法 | 51.77 |
| 非金属矿物制品业 | 熟料 | 立窑 | 124.12 |
| 非金属矿物制品业 | 熟料 | 其他旋窑 | 124.12 |
| 非金属矿物制品业 | 水泥 | 粉磨 | 17.70 |
| 非金属矿物制品业 | 石灰 | 不分技术 | 1.99 |
| 非金属矿物制品业 | 砖瓦 | 不分技术 | 1.23 |
| 非金属矿物制品业 | 石膏 | 不分技术 | 8.15 |

| 部门/行业 | 产品 | 工艺技术 | PM |
|---|---|---|---|
| 非金属矿物制品业 | 平板玻璃 | 浮法平板玻璃 | 2.64 |
| 非金属矿物制品业 | 平板玻璃 | 垂直引上平板玻璃 | 2.91 |
| 非金属矿物制品业 | 玻璃制品 | 不分技术 | 0.70 |
| 非金属矿物制品业 | 玻璃纤维 | 不分技术 | 4.03 |
| 非金属矿物制品业 | 陶瓷 | 不分技术 | 0.02 |
| 石油加工、炼焦和核燃料加工业 | 焦炭 | 机械炼焦 | 9.92 |
| 石油加工、炼焦和核燃料加工业 | 焦炭 | 土法炼焦 | 9.92 |
| 石油加工、炼焦和核燃料加工业 | 原油生产（开采） | 不分技术 | 0.12 |
| 化学原料和化学制品制造业 | 合成氨 | 不分技术 | 0.15 |
| 化学原料和化学制品制造业 | 纯碱 | 不分技术 | 1.49 |
| 化学原料和化学制品制造业 | 尿素 | 不分技术 | 0.15 |
| 化学原料和化学制品制造业 | 碳铵 | 不分技术 | 0.15 |
| 化学原料和化学制品制造业 | 硝铵 | 不分技术 | 0.60 |
| 化学原料和化学制品制造业 | 硫胺 | 不分技术 | 0.15 |
| 化学原料和化学制品制造业 | 其他氮肥 | 不分技术 | 0.15 |
| 化学原料和化学制品制造业 | 复合肥 | 不分技术 | 0.56 |
| 化学原料和化学制品制造业 | 磷肥 | 不分技术 | 0.58 |
| 化学原料和化学制品制造业 | 钾肥 | 不分技术 | 0.18 |
| 橡胶和塑料制品业 | 轮胎 | 不分技术 | 0.63 |
| 农副食品加工业 | 谷物加工 | 不分技术 | 0.09 |
| 农副食品加工业 | 饲料加工 | 不分技术 | 0.04 |

### 4.1.3 移动源

《道路机动车大气污染物排放清单编制技术指南（试行）》中的排放因子是基于机动车保有量的，而且排放因子是基于全国水平的，具体到各个城市，需要进行实地测量，如确无实地测量条件，可参考该《指南》里的排放因子。

基于平均速度的排放因子是通过对大量台架和底盘测功机测试、隧道测试、车载测试和路边采样测试数据的积累、整理和分析，得到的不同车型规格、燃料类型、排放标准的单车排放因子。

为了使排放因子能够更加准确地反映本地城市机动车的排放特征，需要对机动车排放因子进行本地化修正。可通过前期调研，选取排放比例较大的小型客车、轻型货车、重型货车、公交车作为代表性车辆，开展台架测试、隧道测试、车载测试、路边采样测试。包括依据不同的排放测试法规，收集不同载荷、加减速等不同工况下的台架测试数据。此外，依据研究初期对道路状况、车型分布、行驶工况等资料的调研结果，确定代表性车辆的类型和行驶路线，进行实际道路排放测试，收集车辆行驶过程中的实时排放数据。

## 4.1.4　扬尘源

扬尘排放系数的确定优先考虑选用实测法和模拟测定法，也可以参考指南推荐值或通过文献调研法获取。污染源实测法指在当地实际测定扬尘排放量或排放因子数据，主要包括基于实测的排放因子估算法、建筑施工的降尘量监测、上下风向法等。文献调研法是指从科技文献、排放系数数据库中查找相近生产技术与排放水平的排放因子。模拟测定法是指采用实验模拟的方法进行各类扬尘排放因子的测定，包括风洞测定法等。

扬尘源样品通常包括土壤扬尘、道路扬尘、施工扬尘、堆场扬尘等。由于扬尘源的排放面大、强度低、受周边环境干扰强，实地采样往往难以获得具有代表性的样品，故可以实地直接采集构成源的物质，利用再悬浮采样器，进行 $PM_{2.5}$ 和 $PM_{10}$ 源样品的采集。将采集到的样品进行元素分析、离子分析和碳分析，通过等权平均的方法分别构建土壤扬尘、道路扬尘、施工扬尘和堆场扬尘的化学成分谱。

## 4.1.5　溶剂使用源

### 1. 工业溶剂使用源

溶剂使用环节生产单位数量的产品过程排放到大气中的 VOCs 数量，主要受该环节生产的产品结构类型、产品中 VOCs 的含量以及与该环节生产相关部门企业末端控制治理技术的应用情况等因素影响。由于我国的 VOCs 行业治理刚刚起步，除了石油炼制和石油化工等 VOCs 污染治理率较高的行业外，大部分 VOCs 排放行业污染治理率仍很低或者尾气几乎未加处理直接排放，因此在估算该类源 VOCs 排放量时，给出的排放因子往往没有考虑末端控制治理效率，为控制前的排放因子信息。由于不同的生成工艺、管理水平对于 VOCs 排放影响很大，而对于排放因子的选取，我国目前尚未开展权威性、大范围的系统性排放因子测量，加之有机溶剂类使用源，很多行业多为散逸性无组织排放，源排放 VOCs 采样监测方法仍然不太成熟，通过大量的本地化监测数据来研究本地化排放因子短期内难以实现，而少量样本的监测数据又不具备代表性，因此本次清单编制过程中，在进行排放因子选择时，以现有查阅文献资料为主。综合考虑天津市的实际情况和排放因子对应的活动水平数据可获取性，本清单编制中的溶剂使用源排放因子选取以《"十二五"重点区域大气联防联控规划编制培训-VOCs 排放清单和治理技术培训》资料中的数据为主，以环保部发布的《大气挥发性有机物排放清单编制技术指南》的排放因子为补充，此外对于上述文件中没有涉及的源类 VOCs 排放因子，主要参考陈颖等（2012）的《我国工业源 VOCs 排放的源头追踪和行业特征研究》和我国台湾地区的《公私场所固定污染源申报空气污染防治费之挥发性有机物之行业制程排放系数》等研究成果综合确定，上述排放因子也是研究者在参考了美国和欧盟等地的 VOCs 排放因子基础上，结合大量的企业调研、监测数据，综合考虑得到，具有较为广泛的代表性，也较为符合天津市目前的实际情况。具体情况见表 4.2。

表 4.2　主要工业溶剂使用源排放因子

| 行业代码 | 行业名称 | 排放因子 | 排放因子单位 | 对应活动水平 |
| --- | --- | --- | --- | --- |
| 17** | 纺织业 | 0.01 | t/万 t | 纱产量 |
|  |  | 0.22 | t/万 m | 纱产量 |
|  |  | 0.098 | t/t 染料 | 染料助剂/染料使用量 |
| 19** | 皮革、毛皮、羽毛及其制品 | 0.166 9 | t/t 毛皮制品 | 毛皮、羽毛及其制品 |
|  |  | 0.245 | t/t 溶剂 | 干法工艺溶剂使用量 |
|  |  | 0.245 | t/t 溶剂 | 湿法工艺溶剂使用量 |
|  |  | 0.007 | t/t 溶剂 | 其他工艺溶剂使用量 |
|  | 制鞋业 | 0.15 | t/万双鞋 | 鞋产量 |
|  |  | 0.67 | t/t 胶黏剂 | 胶黏剂消耗量 |
| 20** | 木材加工 | 0.09 | t/t 胶黏剂 | 胶黏剂消耗量 |
| 21** | 家具制造 | 0.725 | t/t 涂料 | 涂料使用量 |

| 行业代码 | 行业名称 | 排放因子 | 排放因子单位 | 对应活动水平 |
|---|---|---|---|---|
| 23** | 包装印刷 | 0.032 | t/t 产品 | 产品产量 |
| | | 0.75 | t/t 传统油墨 | 油墨溶剂使用量 |
| | | 0.1 | t/t 新型油墨 | 油墨溶剂使用量 |
| | | 0.705 | t/t 油墨 | 平版油墨溶剂消耗量 |
| | | 0.62 | t/t 油墨 | 凹版油墨溶剂消耗量 |
| | | 0.243 | t/t 油墨 | 凸版油墨溶剂消耗量 |
| | | 0.683 | t/t 油墨 | 孔版油墨溶剂消耗量 |
| | | 0.683 | t/t 油墨 | 柔版油墨溶剂消耗量 |
| 27** | 医药制造 | 0.372 | t/t 原药产量 | 化学原料药产量 |
| 292* | 塑料制品 | 30.12 | t/万 t 塑料制品 | 塑料制品产量 |
| 33** | 金属制品 | 0.55 | t/t 涂料 | 各制品制造业的涂料使用量 |
| 34** | 通用设备制造 | 0.55 | t/t 涂料 | 各制品制造业的涂料使用量 |
| 35** | 专用设备制造 | 0.55 | t/t 涂料 | 各制品制造业的涂料使用量 |
| 36** | 汽车制造（整车制造） | 89.5 | t/万辆汽车产量 | 小汽车产量 |
| | 汽车制造（零部件及配件制造） | 0.55 | t/t 涂料 | 涂料使用量 |
| 37** | 铁路、船舶、航空航天和其他运输设备制造业 | 8 300 | t/万辆客货车产量 | 铁路客、货车产量 |
| | | 0.75 | t/t 涂料 | 民用船舶（万载重吨）涂料使用量 |
| | | 2.4 | t/万辆摩托车 | 摩托车产量 |
| | | 1.2 | t/万辆自行车 | 自行车产量 |
| 38** | 电气机械和器材制造业 | 0.55 | t/t 涂料 | 涂料使用量 |
| 39** | 计算机、通信和其他电子设备制造业 | 0.525 | t/t 涂料 | 涂料使用量 |
| 40** | 仪器仪表制造业 | 0.55 | t/t 涂料 | 涂料使用量 |

### 2. 非工业溶剂使用源

清单编制中使用的非工业溶剂使用源排放因子参考环保部发布的《大气挥发性有机物排放清单编制技术指南》，具体取值见表 4.3。

表 4.3　非工业溶剂使用源排放因子

| 源类 | 排放因子 | 排放因子单位 | 对应活动水平 |
| --- | --- | --- | --- |
| 生活溶剂使用 | 0.144 | kg/（人·a） | 人口数 |

### 4.1.6　存储与运输源

#### 1. 有机液体存储储罐

石油化工产品及有机液体类储罐的 VOCs 排放清单编制，可以参考《挥发性有机物排污收费试点办法》（财税〔2015〕71 号）中附件 2《石化行业 VOCs 排放量计算办法》进行测算。也可以参考美国 AP-42 中有机溶剂存储源的计算方法，将有机储罐分为固定顶罐和浮顶罐通过相关公式模型法进行储罐 VOCs 无组织排放量的计算。

#### 2. 加油站

加油站正常作业的 VOCs 主要产生于储罐呼吸、装卸和加油 3 个环节。根据清华大学沈旻嘉等（2006）开展的《中国加油站 VOC 排放污染现状及控制》的调查研究，在未进行第一阶段、第二阶段油气回收改造前，加油站最大的损失来源于加油过程和卸油过程的油气挥发损失，储油罐的呼吸损失很少，汽油类三者损失分别为 2.49 kg/t、2.3 kg/t、0.16 kg/t，合计为 4.95 kg/t，柴油类加油过程和卸油过程损失分别为 0.048 kg/t、0.027 kg/t，呼吸损失可忽略不计，合计为 0.075 kg/t，进行第一阶段油气回收改造后，来自卸油过程的油气挥发损失大幅减少，汽油减少为 0.115 kg/t，柴油减少为 0.001 35 kg/t。根据天津市实际情况，2013 年，天津市所有加油站均已完成第一阶段油气回收改造，因此，本次加油站清单编制使用已进行第一阶段油气回收改造后的排放因子，分别为汽油 2.76 kg/t，柴油 0.075 kg/t，具体见表 4.4。

表 4.4　加油站 VOCs 排放因子　　　　　　　　　　　　　单位：kg/t

| 油品种类 | 活动过程 | 排放因子 | |
|---|---|---|---|
| | | 未进行第一阶段油气回收改造 | 已进行第一阶段油气回收改造 |
| 汽油 | 储油罐呼吸损失 | 0.160 | 0.160 |
| | 加油过程的挥发排放 | 2.490 | 2.490 |
| | 卸油过程的损失 | 2.300 | 0.115 |
| | 总计 | 4.950 | 2.760 |
| 柴油 | 储油罐呼吸损失 | — | — |
| | 加油过程的挥发排放 | 0.048 | 0.048 |
| | 卸油过程的损失 | 0.027 | 0.001 |
| | 总计 | 0.075 | 0.049 |

### 4.1.7　农牧源

《大气氨源排放清单编制技术指南（试行）》中提供的计算过程较为复杂，可以进行简化，把一些固定不变的数据都归纳为排放因子，简化后的排放因子如表4.5 所示。

表 4.5　农牧源中简化的排放因子库　　　　　　　　　单位：g/[头（羽）·d]

| 一级分类 | 二级分类 | 三级分类 | 四级分类 | 排放因子 |
|---|---|---|---|---|
| 农牧源 | 畜牧养殖 | 肉牛<1 年-散养 | 畜舍排泄-液态 | 0.20 |
| 农牧源 | 畜牧养殖 | 肉牛<1 年-散养 | 畜舍排泄-固态 | 1.62 |
| 农牧源 | 畜牧养殖 | 肉牛<1 年-散养 | 粪便存储-液态 | 0.53 |
| 农牧源 | 畜牧养殖 | 肉牛<1 年-散养 | 粪便存储-固态 | 5.83 |
| 农牧源 | 畜牧养殖 | 肉牛<1 年-散养 | 农田施用-液态 | 1.15 |
| 农牧源 | 畜牧养殖 | 肉牛<1 年-散养 | 农田施用-固态 | 11.78 |
| 农牧源 | 畜牧养殖 | 肉牛<1 年-散养 | 户外排泄 | 13.82 |
| 农牧源 | 畜牧养殖 | 肉牛>1 年-散养 | 畜舍排泄-液态 | 0.93 |
| 农牧源 | 畜牧养殖 | 肉牛>1 年-散养 | 畜舍排泄-固态 | 7.53 |
| 农牧源 | 畜牧养殖 | 肉牛>1 年-散养 | 粪便存储-液态 | 1.14 |
| 农牧源 | 畜牧养殖 | 肉牛>1 年-散养 | 粪便存储-固态 | 12.49 |
| 农牧源 | 畜牧养殖 | 肉牛>1 年-散养 | 农田施用-液态 | 2.48 |

| 一级分类 | 二级分类 | 三级分类 | 四级分类 | 排放因子 |
|---|---|---|---|---|
| 农牧源 | 畜牧养殖 | 肉牛>1年-散养 | 农田施用-固态 | 25.26 |
| 农牧源 | 畜牧养殖 | 肉牛>1年-散养 | 户外排泄 | 32.04 |
| 农牧源 | 畜牧养殖 | 肉牛<1年-集中 | 畜舍排泄-液态 | 1.83 |
| 农牧源 | 畜牧养殖 | 肉牛<1年-集中 | 畜舍排泄-固态 | 1.83 |
| 农牧源 | 畜牧养殖 | 肉牛<1年-集中 | 粪便存储-液态 | 3.83 |
| 农牧源 | 畜牧养殖 | 肉牛<1年-集中 | 粪便存储-固态 | 1.02 |
| 农牧源 | 畜牧养殖 | 肉牛<1年-集中 | 农田施用-液态 | 8.84 |
| 农牧源 | 畜牧养殖 | 肉牛<1年-集中 | 农田施用-固态 | 14.09 |
| 农牧源 | 畜牧养殖 | 肉牛<1年-集中 | 户外排泄 | 0.00 |
| 农牧源 | 畜牧养殖 | 肉牛>1年-集中 | 畜舍排泄-液态 | 8.46 |
| 农牧源 | 畜牧养殖 | 肉牛>1年-集中 | 畜舍排泄-固态 | 8.46 |
| 农牧源 | 畜牧养殖 | 肉牛>1年-集中 | 粪便存储-液态 | 8.21 |
| 农牧源 | 畜牧养殖 | 肉牛>1年-集中 | 粪便存储-固态 | 2.18 |
| 农牧源 | 畜牧养殖 | 肉牛>1年-集中 | 农田施用-液态 | 18.96 |
| 农牧源 | 畜牧养殖 | 肉牛>1年-集中 | 农田施用-固态 | 30.20 |
| 农牧源 | 畜牧养殖 | 肉牛>1年-集中 | 户外排泄 | 0.00 |
| 农牧源 | 畜牧养殖 | 奶牛<1年-散养 | 畜舍排泄-液态 | 0.20 |
| 农牧源 | 畜牧养殖 | 奶牛<1年-散养 | 畜舍排泄-固态 | 1.62 |
| 农牧源 | 畜牧养殖 | 奶牛<1年-散养 | 粪便存储-液态 | 0.53 |
| 农牧源 | 畜牧养殖 | 奶牛<1年-散养 | 粪便存储-固态 | 5.83 |
| 农牧源 | 畜牧养殖 | 奶牛<1年-散养 | 农田施用-液态 | 1.15 |
| 农牧源 | 畜牧养殖 | 奶牛<1年-散养 | 农田施用-固态 | 11.78 |
| 农牧源 | 畜牧养殖 | 奶牛<1年-散养 | 户外排泄 | 13.82 |
| 农牧源 | 畜牧养殖 | 奶牛>1年-散养 | 畜舍排泄-液态 | 1.81 |
| 农牧源 | 畜牧养殖 | 奶牛>1年-散养 | 畜舍排泄-固态 | 14.66 |
| 农牧源 | 畜牧养殖 | 奶牛>1年-散养 | 粪便存储-液态 | 2.23 |
| 农牧源 | 畜牧养殖 | 奶牛>1年-散养 | 粪便存储-固态 | 24.31 |
| 农牧源 | 畜牧养殖 | 奶牛>1年-散养 | 农田施用-液态 | 4.82 |
| 农牧源 | 畜牧养殖 | 奶牛>1年-散养 | 农田施用-固态 | 49.15 |
| 农牧源 | 畜牧养殖 | 奶牛>1年-散养 | 户外排泄 | 35.29 |
| 农牧源 | 畜牧养殖 | 奶牛<1年-集中 | 畜舍排泄-液态 | 1.83 |
| 农牧源 | 畜牧养殖 | 奶牛<1年-集中 | 畜舍排泄-固态 | 1.83 |
| 农牧源 | 畜牧养殖 | 奶牛<1年-集中 | 粪便存储-液态 | 3.83 |
| 农牧源 | 畜牧养殖 | 奶牛<1年-集中 | 粪便存储-固态 | 1.02 |
| 农牧源 | 畜牧养殖 | 奶牛<1年-集中 | 农田施用-液态 | 8.84 |

| 一级分类 | 二级分类 | 三级分类 | 四级分类 | 排放因子 |
|---|---|---|---|---|
| 农牧源 | 畜牧养殖 | 奶牛<1年-集中 | 农田施用-固态 | 14.09 |
| 农牧源 | 畜牧养殖 | 奶牛<1年-集中 | 户外排泄 | 0.00 |
| 农牧源 | 畜牧养殖 | 奶牛>1年-集中 | 畜舍排泄-液态 | 16.47 |
| 农牧源 | 畜牧养殖 | 奶牛>1年-集中 | 畜舍排泄-固态 | 16.47 |
| 农牧源 | 畜牧养殖 | 奶牛>1年-集中 | 粪便存储-液态 | 15.98 |
| 农牧源 | 畜牧养殖 | 奶牛>1年-集中 | 粪便存储-固态 | 4.25 |
| 农牧源 | 畜牧养殖 | 奶牛>1年-集中 | 农田施用-液态 | 36.90 |
| 农牧源 | 畜牧养殖 | 奶牛>1年-集中 | 农田施用-固态 | 58.76 |
| 农牧源 | 畜牧养殖 | 奶牛>1年-集中 | 户外排泄 | 0.00 |
| 农牧源 | 畜牧养殖 | 山羊<1年-散养 | 畜舍排泄-液态 | 0.06 |
| 农牧源 | 畜牧养殖 | 山羊<1年-散养 | 畜舍排泄-固态 | 0.46 |
| 农牧源 | 畜牧养殖 | 山羊<1年-散养 | 粪便存储-液态 | 0.15 |
| 农牧源 | 畜牧养殖 | 山羊<1年-散养 | 粪便存储-固态 | 1.64 |
| 农牧源 | 畜牧养殖 | 山羊<1年-散养 | 农田施用-液态 | 0.33 |
| 农牧源 | 畜牧养殖 | 山羊<1年-散养 | 农田施用-固态 | 3.32 |
| 农牧源 | 畜牧养殖 | 山羊<1年-散养 | 户外排泄 | 3.89 |
| 农牧源 | 畜牧养殖 | 山羊>1年-散养 | 畜舍排泄-液态 | 0.14 |
| 农牧源 | 畜牧养殖 | 山羊>1年-散养 | 畜舍排泄-固态 | 1.12 |
| 农牧源 | 畜牧养殖 | 山羊>1年-散养 | 粪便存储-液态 | 0.24 |
| 农牧源 | 畜牧养殖 | 山羊>1年-散养 | 粪便存储-固态 | 1.93 |
| 农牧源 | 畜牧养殖 | 山羊>1年-散养 | 农田施用-液态 | 0.50 |
| 农牧源 | 畜牧养殖 | 山羊>1年-散养 | 农田施用-固态 | 3.80 |
| 农牧源 | 畜牧养殖 | 山羊>1年-散养 | 户外排泄 | 6.74 |
| 农牧源 | 畜牧养殖 | 山羊<1年-集中 | 畜舍排泄-液态 | 0.51 |
| 农牧源 | 畜牧养殖 | 山羊<1年-集中 | 畜舍排泄-固态 | 0.51 |
| 农牧源 | 畜牧养殖 | 山羊<1年-集中 | 粪便存储-液态 | 1.08 |
| 农牧源 | 畜牧养殖 | 山羊<1年-集中 | 粪便存储-固态 | 0.29 |
| 农牧源 | 畜牧养殖 | 山羊<1年-集中 | 农田施用-液态 | 2.49 |
| 农牧源 | 畜牧养殖 | 山羊<1年-集中 | 农田施用-固态 | 3.97 |
| 农牧源 | 畜牧养殖 | 山羊<1年-集中 | 户外排泄 | 0.00 |
| 农牧源 | 畜牧养殖 | 山羊>1年-集中 | 畜舍排泄-液态 | 1.26 |
| 农牧源 | 畜牧养殖 | 山羊>1年-集中 | 畜舍排泄-固态 | 1.26 |
| 农牧源 | 畜牧养殖 | 山羊>1年-集中 | 粪便存储-液态 | 1.22 |
| 农牧源 | 畜牧养殖 | 山羊>1年-集中 | 粪便存储-固态 | 0.32 |
| 农牧源 | 畜牧养殖 | 山羊>1年-集中 | 农田施用-液态 | 5.35 |

| 一级分类 | 二级分类 | 三级分类 | 四级分类 | 排放因子 |
|---|---|---|---|---|
| 农牧源 | 畜牧养殖 | 山羊>1年-集中 | 农田施用-固态 | 5.76 |
| 农牧源 | 畜牧养殖 | 山羊>1年-集中 | 户外排泄 | 0.00 |
| 农牧源 | 畜牧养殖 | 绵羊<1年-散养 | 畜舍排泄-液态 | 0.06 |
| 农牧源 | 畜牧养殖 | 绵羊<1年-散养 | 畜舍排泄-固态 | 0.46 |
| 农牧源 | 畜牧养殖 | 绵羊<1年-散养 | 粪便存储-液态 | 0.15 |
| 农牧源 | 畜牧养殖 | 绵羊<1年-散养 | 粪便存储-固态 | 1.64 |
| 农牧源 | 畜牧养殖 | 绵羊<1年-散养 | 农田施用-液态 | 0.33 |
| 农牧源 | 畜牧养殖 | 绵羊<1年-散养 | 农田施用-固态 | 3.32 |
| 农牧源 | 畜牧养殖 | 绵羊<1年-散养 | 户外排泄 | 3.89 |
| 农牧源 | 畜牧养殖 | 绵羊>1年-散养 | 畜舍排泄-液态 | 0.14 |
| 农牧源 | 畜牧养殖 | 绵羊>1年-散养 | 畜舍排泄-固态 | 1.12 |
| 农牧源 | 畜牧养殖 | 绵羊>1年-散养 | 粪便存储-液态 | 0.24 |
| 农牧源 | 畜牧养殖 | 绵羊>1年-散养 | 粪便存储-固态 | 1.93 |
| 农牧源 | 畜牧养殖 | 绵羊>1年-散养 | 农田施用-液态 | 0.50 |
| 农牧源 | 畜牧养殖 | 绵羊>1年-散养 | 农田施用-固态 | 3.80 |
| 农牧源 | 畜牧养殖 | 绵羊>1年-散养 | 户外排泄 | 6.74 |
| 农牧源 | 畜牧养殖 | 绵羊<1年-集中 | 畜舍排泄-液态 | 0.51 |
| 农牧源 | 畜牧养殖 | 绵羊<1年-集中 | 畜舍排泄-固态 | 0.51 |
| 农牧源 | 畜牧养殖 | 绵羊<1年-集中 | 粪便存储-液态 | 1.08 |
| 农牧源 | 畜牧养殖 | 绵羊<1年-集中 | 粪便存储-固态 | 0.29 |
| 农牧源 | 畜牧养殖 | 绵羊<1年-集中 | 农田施用-液态 | 2.49 |
| 农牧源 | 畜牧养殖 | 绵羊<1年-集中 | 农田施用-固态 | 3.97 |
| 农牧源 | 畜牧养殖 | 绵羊<1年-集中 | 户外排泄 | 0.00 |
| 农牧源 | 畜牧养殖 | 绵羊>1年-集中 | 畜舍排泄-液态 | 1.26 |
| 农牧源 | 畜牧养殖 | 绵羊>1年-集中 | 畜舍排泄-固态 | 1.26 |
| 农牧源 | 畜牧养殖 | 绵羊>1年-集中 | 粪便存储-液态 | 1.22 |
| 农牧源 | 畜牧养殖 | 绵羊>1年-集中 | 粪便存储-固态 | 0.32 |
| 农牧源 | 畜牧养殖 | 绵羊>1年-集中 | 农田施用-液态 | 5.35 |
| 农牧源 | 畜牧养殖 | 绵羊>1年-集中 | 农田施用-固态 | 5.76 |
| 农牧源 | 畜牧养殖 | 绵羊>1年-集中 | 户外排泄 | 0.00 |
| 农牧源 | 畜牧养殖 | 母猪-散养 | 畜舍排泄-液态 | 0.21 |
| 农牧源 | 畜牧养殖 | 母猪-散养 | 畜舍排泄-固态 | 1.66 |
| 农牧源 | 畜牧养殖 | 母猪-散养 | 粪便存储-液态 | 0.17 |
| 农牧源 | 畜牧养殖 | 母猪-散养 | 粪便存储-固态 | 4.35 |
| 农牧源 | 畜牧养殖 | 母猪-散养 | 农田施用-液态 | 0.41 |

| 一级分类 | 二级分类 | 三级分类 | 四级分类 | 排放因子 |
|---|---|---|---|---|
| 农牧源 | 畜牧养殖 | 母猪-散养 | 农田施用-固态 | 4.02 |
| 农牧源 | 畜牧养殖 | 母猪-集中 | 畜舍排泄-液态 | 1.82 |
| 农牧源 | 畜牧养殖 | 母猪-集中 | 畜舍排泄-固态 | 1.82 |
| 农牧源 | 畜牧养殖 | 母猪-集中 | 粪便存储-液态 | 0.41 |
| 农牧源 | 畜牧养殖 | 母猪-集中 | 粪便存储-固态 | 0.50 |
| 农牧源 | 畜牧养殖 | 母猪-集中 | 农田施用-液态 | 2.93 |
| 农牧源 | 畜牧养殖 | 母猪-集中 | 农田施用-固态 | 5.67 |
| 农牧源 | 畜牧养殖 | 肉猪<75天-散养 | 畜舍排泄-液态 | 0.05 |
| 农牧源 | 畜牧养殖 | 肉猪<75天-散养 | 畜舍排泄-固态 | 0.38 |
| 农牧源 | 畜牧养殖 | 肉猪<75天-散养 | 粪便存储-液态 | 0.04 |
| 农牧源 | 畜牧养殖 | 肉猪<75天-散养 | 粪便存储-固态 | 0.93 |
| 农牧源 | 畜牧养殖 | 肉猪<75天-散养 | 农田施用-液态 | 0.09 |
| 农牧源 | 畜牧养殖 | 肉猪<75天-散养 | 农田施用-固态 | 0.86 |
| 农牧源 | 畜牧养殖 | 肉猪>75天-散养 | 畜舍排泄-液态 | 0.09 |
| 农牧源 | 畜牧养殖 | 肉猪>75天-散养 | 畜舍排泄-固态 | 0.69 |
| 农牧源 | 畜牧养殖 | 肉猪>75天-散养 | 粪便存储-液态 | 0.11 |
| 农牧源 | 畜牧养殖 | 肉猪>75天-散养 | 粪便存储-固态 | 2.74 |
| 农牧源 | 畜牧养殖 | 肉猪>75天-散养 | 农田施用-液态 | 0.26 |
| 农牧源 | 畜牧养殖 | 肉猪>75天-散养 | 农田施用-固态 | 2.53 |
| 农牧源 | 畜牧养殖 | 肉猪<75天-集中 | 畜舍排泄-液态 | 0.43 |
| 农牧源 | 畜牧养殖 | 肉猪<75天-集中 | 畜舍排泄-固态 | 0.43 |
| 农牧源 | 畜牧养殖 | 肉猪<75天-集中 | 粪便存储-液态 | 0.09 |
| 农牧源 | 畜牧养殖 | 肉猪<75天-集中 | 粪便存储-固态 | 0.11 |
| 农牧源 | 畜牧养殖 | 肉猪<75天-集中 | 农田施用-液态 | 0.63 |
| 农牧源 | 畜牧养殖 | 肉猪<75天-集中 | 农田施用-固态 | 1.21 |
| 农牧源 | 畜牧养殖 | 肉猪>75天-集中 | 畜舍排泄-液态 | 1.41 |
| 农牧源 | 畜牧养殖 | 肉猪>75天-集中 | 畜舍排泄-固态 | 1.41 |
| 农牧源 | 畜牧养殖 | 肉猪>75天-集中 | 粪便存储-液态 | 0.24 |
| 农牧源 | 畜牧养殖 | 肉猪>75天-集中 | 粪便存储-固态 | 0.29 |
| 农牧源 | 畜牧养殖 | 肉猪>75天-集中 | 农田施用-液态 | 1.66 |
| 农牧源 | 畜牧养殖 | 肉猪>75天-集中 | 农田施用-固态 | 3.23 |
| 农牧源 | 畜牧养殖 | 马-散养 | 畜舍排泄-液态 | 0.68 |
| 农牧源 | 畜牧养殖 | 马-散养 | 畜舍排泄-固态 | 5.49 |
| 农牧源 | 畜牧养殖 | 马-散养 | 粪便存储-液态 | 1.46 |
| 农牧源 | 畜牧养殖 | 马-散养 | 粪便存储-固态 | 11.81 |

| 一级分类 | 二级分类 | 三级分类 | 四级分类 | 排放因子 |
|---|---|---|---|---|
| 农牧源 | 畜牧养殖 | 马-散养 | 农田施用-液态 | 2.43 |
| 农牧源 | 畜牧养殖 | 马-散养 | 农田施用-固态 | 16.69 |
| 农牧源 | 畜牧养殖 | 马-集中 | 畜舍排泄-液态 | 6.17 |
| 农牧源 | 畜牧养殖 | 马-集中 | 畜舍排泄-固态 | 6.17 |
| 农牧源 | 畜牧养殖 | 马-集中 | 粪便存储-液态 | 5.99 |
| 农牧源 | 畜牧养殖 | 马-集中 | 粪便存储-固态 | 1.59 |
| 农牧源 | 畜牧养殖 | 马-集中 | 农田施用-液态 | 28.61 |
| 农牧源 | 畜牧养殖 | 马-集中 | 农田施用-固态 | 28.21 |
| 农牧源 | 畜牧养殖 | 驴-散养 | 畜舍排泄-液态 | 0.68 |
| 农牧源 | 畜牧养殖 | 驴-散养 | 畜舍排泄-固态 | 5.49 |
| 农牧源 | 畜牧养殖 | 驴-散养 | 粪便存储-液态 | 1.46 |
| 农牧源 | 畜牧养殖 | 驴-散养 | 粪便存储-固态 | 11.81 |
| 农牧源 | 畜牧养殖 | 驴-散养 | 农田施用-液态 | 2.43 |
| 农牧源 | 畜牧养殖 | 驴-散养 | 农田施用-固态 | 16.69 |
| 农牧源 | 畜牧养殖 | 驴-集中 | 畜舍排泄-液态 | 6.17 |
| 农牧源 | 畜牧养殖 | 驴-集中 | 畜舍排泄-固态 | 6.17 |
| 农牧源 | 畜牧养殖 | 驴-集中 | 粪便存储-液态 | 5.99 |
| 农牧源 | 畜牧养殖 | 驴-集中 | 粪便存储-固态 | 1.59 |
| 农牧源 | 畜牧养殖 | 驴-集中 | 农田施用-液态 | 28.61 |
| 农牧源 | 畜牧养殖 | 驴-集中 | 农田施用-固态 | 28.21 |
| 农牧源 | 畜牧养殖 | 骡-散养 | 畜舍排泄-液态 | 0.68 |
| 农牧源 | 畜牧养殖 | 骡-散养 | 畜舍排泄-固态 | 5.49 |
| 农牧源 | 畜牧养殖 | 骡-散养 | 粪便存储-液态 | 1.46 |
| 农牧源 | 畜牧养殖 | 骡-散养 | 粪便存储-固态 | 11.81 |
| 农牧源 | 畜牧养殖 | 骡-散养 | 农田施用-液态 | 2.43 |
| 农牧源 | 畜牧养殖 | 骡-散养 | 农田施用-固态 | 16.69 |
| 农牧源 | 畜牧养殖 | 骡-集中 | 畜舍排泄-液态 | 6.17 |
| 农牧源 | 畜牧养殖 | 骡-集中 | 畜舍排泄-固态 | 6.17 |
| 农牧源 | 畜牧养殖 | 骡-集中 | 粪便存储-液态 | 5.99 |
| 农牧源 | 畜牧养殖 | 骡-集中 | 粪便存储-固态 | 1.59 |
| 农牧源 | 畜牧养殖 | 骡-集中 | 农田施用-液态 | 28.61 |
| 农牧源 | 畜牧养殖 | 骡-集中 | 农田施用-固态 | 28.21 |
| 农牧源 | 畜牧养殖 | 骆驼-散养 | 畜舍排泄-液态 | 0.68 |
| 农牧源 | 畜牧养殖 | 骆驼-散养 | 畜舍排泄-固态 | 5.49 |
| 农牧源 | 畜牧养殖 | 骆驼-散养 | 粪便存储-液态 | 1.46 |

| 一级分类 | 二级分类 | 三级分类 | 四级分类 | 排放因子 |
|---|---|---|---|---|
| 农牧源 | 畜牧养殖 | 骆驼-散养 | 粪便存储-固态 | 11.81 |
| 农牧源 | 畜牧养殖 | 骆驼-散养 | 农田施用-液态 | 2.43 |
| 农牧源 | 畜牧养殖 | 骆驼-散养 | 农田施用-固态 | 16.69 |
| 农牧源 | 畜牧养殖 | 骆驼-集中 | 畜舍排泄-液态 | 6.17 |
| 农牧源 | 畜牧养殖 | 骆驼-集中 | 畜舍排泄-固态 | 6.17 |
| 农牧源 | 畜牧养殖 | 骆驼-集中 | 粪便存储-液态 | 5.99 |
| 农牧源 | 畜牧养殖 | 骆驼-集中 | 粪便存储-固态 | 1.59 |
| 农牧源 | 畜牧养殖 | 骆驼-集中 | 农田施用-液态 | 28.61 |
| 农牧源 | 畜牧养殖 | 骆驼-集中 | 农田施用-固态 | 28.21 |
| 农牧源 | 畜牧养殖 | 蛋鸡-散养 | 畜舍排泄-液态 | 0.04 |
| 农牧源 | 畜牧养殖 | 蛋鸡-散养 | 畜舍排泄-固态 | 0.33 |
| 农牧源 | 畜牧养殖 | 蛋鸡-散养 | 粪便存储-液态 | 0.00 |
| 农牧源 | 畜牧养殖 | 蛋鸡-散养 | 粪便存储-固态 | 0.06 |
| 农牧源 | 畜牧养殖 | 蛋鸡-散养 | 农田施用-液态 | 0.00 |
| 农牧源 | 畜牧养殖 | 蛋鸡-散养 | 农田施用-固态 | 0.21 |
| 农牧源 | 畜牧养殖 | 蛋鸡-散养 | 户外排泄 | 0.57 |
| 农牧源 | 畜牧养殖 | 蛋鸡-集中 | 畜舍排泄-液态 | 0.00 |
| 农牧源 | 畜牧养殖 | 蛋鸡-集中 | 畜舍排泄-固态 | 0.60 |
| 农牧源 | 畜牧养殖 | 蛋鸡-集中 | 粪便存储-液态 | 0.00 |
| 农牧源 | 畜牧养殖 | 蛋鸡-集中 | 粪便存储-固态 | 0.04 |
| 农牧源 | 畜牧养殖 | 蛋鸡-集中 | 农田施用-液态 | 0.00 |
| 农牧源 | 畜牧养殖 | 蛋鸡-集中 | 农田施用-固态 | 0.31 |
| 农牧源 | 畜牧养殖 | 蛋鸡-集中 | 户外排泄 | 0.00 |
| 农牧源 | 畜牧养殖 | 蛋鸭-散养 | 畜舍排泄-液态 | 0.03 |
| 农牧源 | 畜牧养殖 | 蛋鸭-散养 | 畜舍排泄-固态 | 0.24 |
| 农牧源 | 畜牧养殖 | 蛋鸭-散养 | 粪便存储-液态 | 0.00 |
| 农牧源 | 畜牧养殖 | 蛋鸭-散养 | 粪便存储-固态 | 0.07 |
| 农牧源 | 畜牧养殖 | 蛋鸭-散养 | 农田施用-液态 | 0.00 |
| 农牧源 | 畜牧养殖 | 蛋鸭-散养 | 农田施用-固态 | 0.14 |
| 农牧源 | 畜牧养殖 | 蛋鸭-散养 | 户外排泄 | 0.33 |
| 农牧源 | 畜牧养殖 | 蛋鸭-集中 | 畜舍排泄-液态 | 0.00 |
| 农牧源 | 畜牧养殖 | 蛋鸭-集中 | 畜舍排泄-固态 | 0.44 |
| 农牧源 | 畜牧养殖 | 蛋鸭-集中 | 粪便存储-液态 | 0.00 |
| 农牧源 | 畜牧养殖 | 蛋鸭-集中 | 粪便存储-固态 | 0.03 |
| 农牧源 | 畜牧养殖 | 蛋鸭-集中 | 农田施用-液态 | 0.00 |

| 一级分类 | 二级分类 | 三级分类 | 四级分类 | 排放因子 |
|---|---|---|---|---|
| 农牧源 | 畜牧养殖 | 蛋鸭-集中 | 农田施用-固态 | 0.46 |
| 农牧源 | 畜牧养殖 | 蛋鸭-集中 | 户外排泄 | 0.00 |
| 农牧源 | 畜牧养殖 | 蛋鹅-散养 | 畜舍排泄-液态 | 0.02 |
| 农牧源 | 畜牧养殖 | 蛋鹅-散养 | 畜舍排泄-固态 | 0.12 |
| 农牧源 | 畜牧养殖 | 蛋鹅-散养 | 粪便存储-液态 | 0.00 |
| 农牧源 | 畜牧养殖 | 蛋鹅-散养 | 粪便存储-固态 | 0.04 |
| 农牧源 | 畜牧养殖 | 蛋鹅-散养 | 农田施用-液态 | 0.00 |
| 农牧源 | 畜牧养殖 | 蛋鹅-散养 | 农田施用-固态 | 0.07 |
| 农牧源 | 畜牧养殖 | 蛋鹅-散养 | 户外排泄 | 0.16 |
| 农牧源 | 畜牧养殖 | 蛋鹅-集中 | 畜舍排泄-液态 | 0.00 |
| 农牧源 | 畜牧养殖 | 蛋鹅-集中 | 畜舍排泄-固态 | 0.22 |
| 农牧源 | 畜牧养殖 | 蛋鹅-集中 | 粪便存储-液态 | 0.00 |
| 农牧源 | 畜牧养殖 | 蛋鹅-集中 | 粪便存储-固态 | 0.01 |
| 农牧源 | 畜牧养殖 | 蛋鹅-集中 | 农田施用-液态 | 0.00 |
| 农牧源 | 畜牧养殖 | 蛋鹅-集中 | 农田施用-固态 | 0.23 |
| 农牧源 | 畜牧养殖 | 蛋鹅-集中 | 户外排泄 | 0.00 |
| 农牧源 | 畜牧养殖 | 肉鸡-散养 | 畜舍排泄-液态 | 0.03 |
| 农牧源 | 畜牧养殖 | 肉鸡-散养 | 畜舍排泄-固态 | 0.22 |
| 农牧源 | 畜牧养殖 | 肉鸡-散养 | 粪便存储-液态 | 0.00 |
| 农牧源 | 畜牧养殖 | 肉鸡-散养 | 粪便存储-固态 | 0.06 |
| 农牧源 | 畜牧养殖 | 肉鸡-散养 | 农田施用-液态 | 0.00 |
| 农牧源 | 畜牧养殖 | 肉鸡-散养 | 农田施用-固态 | 0.17 |
| 农牧源 | 畜牧养殖 | 肉鸡-散养 | 户外排泄 | 0.41 |
| 农牧源 | 畜牧养殖 | 肉鸡-集中 | 畜舍排泄-液态 | 0.00 |
| 农牧源 | 畜牧养殖 | 肉鸡-集中 | 畜舍排泄-固态 | 0.50 |
| 农牧源 | 畜牧养殖 | 肉鸡-集中 | 粪便存储-液态 | 0.00 |
| 农牧源 | 畜牧养殖 | 肉鸡-集中 | 粪便存储-固态 | 0.01 |
| 农牧源 | 畜牧养殖 | 肉鸡-集中 | 农田施用-液态 | 0.00 |
| 农牧源 | 畜牧养殖 | 肉鸡-集中 | 农田施用-固态 | 0.22 |
| 农牧源 | 畜牧养殖 | 肉鸡-集中 | 户外排泄 | 0.00 |
| 农牧源 | 畜牧养殖 | 肉鸭-散养 | 畜舍排泄-液态 | 0.02 |
| 农牧源 | 畜牧养殖 | 肉鸭-散养 | 畜舍排泄-固态 | 0.17 |
| 农牧源 | 畜牧养殖 | 肉鸭-散养 | 粪便存储-液态 | 0.00 |
| 农牧源 | 畜牧养殖 | 肉鸭-散养 | 粪便存储-固态 | 0.06 |
| 农牧源 | 畜牧养殖 | 肉鸭-散养 | 农田施用-液态 | 0.00 |

| 一级分类 | 二级分类 | 三级分类 | 四级分类 | 排放因子 |
|---|---|---|---|---|
| 农牧源 | 畜牧养殖 | 肉鸭-散养 | 农田施用-固态 | 0.11 |
| 农牧源 | 畜牧养殖 | 肉鸭-散养 | 户外排泄 | 0.25 |
| 农牧源 | 畜牧养殖 | 肉鸭-集中 | 畜舍排泄-液态 | 0.00 |
| 农牧源 | 畜牧养殖 | 肉鸭-集中 | 畜舍排泄-固态 | 0.38 |
| 农牧源 | 畜牧养殖 | 肉鸭-集中 | 粪便存储-液态 | 0.00 |
| 农牧源 | 畜牧养殖 | 肉鸭-集中 | 粪便存储-固态 | 0.00 |
| 农牧源 | 畜牧养殖 | 肉鸭-集中 | 农田施用-液态 | 0.00 |
| 农牧源 | 畜牧养殖 | 肉鸭-集中 | 农田施用-固态 | 0.34 |
| 农牧源 | 畜牧养殖 | 肉鸭-集中 | 户外排泄 | 0.00 |
| 农牧源 | 畜牧养殖 | 肉鹅-散养 | 畜舍排泄-液态 | 0.01 |
| 农牧源 | 畜牧养殖 | 肉鹅-散养 | 畜舍排泄-固态 | 0.08 |
| 农牧源 | 畜牧养殖 | 肉鹅-散养 | 粪便存储-液态 | 0.00 |
| 农牧源 | 畜牧养殖 | 肉鹅-散养 | 粪便存储-固态 | 0.03 |
| 农牧源 | 畜牧养殖 | 肉鹅-散养 | 农田施用-液态 | 0.00 |
| 农牧源 | 畜牧养殖 | 肉鹅-散养 | 农田施用-固态 | 0.06 |
| 农牧源 | 畜牧养殖 | 肉鹅-散养 | 户外排泄 | 0.13 |
| 农牧源 | 畜牧养殖 | 肉鹅-集中 | 畜舍排泄-液态 | 0.00 |
| 农牧源 | 畜牧养殖 | 肉鹅-集中 | 畜舍排泄-固态 | 0.19 |
| 农牧源 | 畜牧养殖 | 肉鹅-集中 | 粪便存储-液态 | 0.00 |
| 农牧源 | 畜牧养殖 | 肉鹅-集中 | 粪便存储-固态 | 0.00 |
| 农牧源 | 畜牧养殖 | 肉鹅-集中 | 农田施用-液态 | 0.00 |
| 农牧源 | 畜牧养殖 | 肉鹅-集中 | 农田施用-固态 | 0.17 |
| 农牧源 | 畜牧养殖 | 肉鹅-集中 | 户外排泄 | 0.00 |

## 4.1.8  生物质燃烧源

目前我国不同类型生物质燃烧的各种大气污染物排放因子实际测试工作还没有全面开展，测试主要集中在薪柴秸秆燃烧及秸秆露天燃烧方面，对于其他方面则研究较少。因此，生物质燃烧排放系数的获取方法通常为现场实测法和文献调研法。实测法是指对污染源开展测试，获取实际条件下的排放系数。实测法的优点是能够反映生物质燃烧的实际排放情况，获取的排放系数准确度高；缺点是工作量大，需要的人力和成本较高。有条件的地区可对当地典型生物质燃烧开展实际排放系数（和污染控制设施去除率）的测试。文献调研法是指收集整理文献中报道的排放系数，并用于排放量计算的方法。优点是操作方便，适用性强，且支撑文献多，国内外研究较为透彻，在缺少可靠的本地实测资料的情况下，推荐使用本方法获取排放系数。优先采用污染源实测法，如缺少可靠的实测数据，则采用文献调研法。环保部发布的《生物质燃烧源大气污染物排放清单编制指南（试行）》中已给出了户用生物质炉具、生物质开放燃烧关于 $SO_2$、$NO_x$、$NH_3$、CO、VOCs、$PM_{10}$、$PM_{2.5}$ 七类污染物的排放系数。对于户用生物质炉具，如果采用第二级分类，宜根据表 4.6 的排放系数进行计算；如果采用第三级分类，宜采用表 4.7 的排放系数进行计算。对于生物质开放燃烧，如果秸秆采用第二级分类，其排放系数如表 4.8 所示；如果秸秆采用第三级分类，其排放系数如表 4.9 所示。燃烧状态对生物质源排放系数影响显著，在可获取生物质源的实际燃烧状态和有实测的不同燃烧状态下排放系数的情况下，可根据不同的燃烧状态确定适合本地的排放系数。

　　排放系数 EF 为单位干生物质燃烧的大气污染物排放量（g/kg）。具体来说，户用生物质炉具排放系数为燃用的单位干生物质燃料（如秸秆、薪柴等）的大气污染物排放量（g/kg），森林火灾的排放系数为森林火灾或草原火灾中消耗的单位干生物量的大气污染物排放量（g/kg），秸秆露天焚烧的排放系数为露天焚烧单位干物质的大气污染物排放量（g/kg）。

　　关于生物质炉具中的 OC、EC 排放系数，国内目前与之相关的排放特征测试较少，其中清华大学环境学院的工作是目前较为系统的测试。其选取我国农村家庭典型炉灶，选择我国农村应用广泛的秸秆和薪柴作为燃料，其中秸秆选取了玉米秸秆、小麦秸秆、水稻秸秆、高粱秸秆等四类主要的农作物秸秆。系统测试了户用生物质炉具排放的各类污染物和颗粒物排放系数，其中包括颗粒物的碳质组分（OC、EC）。与国内外其他的研究成果进行比较，考虑该项研究更加符合我国实际情况，且更具系统性、准确性、权威性，可作为重要参考依据。

　　户用生物质炉具中 PM 的排放系数，秸秆可采用朱松丽（2004）的研究成果 11.39 g/kg，薪柴采用 Bhattacharya 等（1997，2002）的研究成果 10.00 g/kg。我国之前关于生物质燃烧源排放清单的研究中，曾广泛采用这两个数值，具有一定的认可度。户用生物质炉具的排放系数详细取值见表 4.6、表 4.7。

　　关于生物质开放燃烧中的 OC、EC 排放系数，与户用生物质炉具的情况类似，目前国内与之相关的排放特征研究测试较少，李兴华（2007）在山东德州农村现场选择小麦和玉米两类占我国农作物秸秆总量较大的秸秆种类进行了研究，测量了秸秆露天焚烧时的污染排放。实验地点选取在当地农村野外空地进行，附近无大的污染源，远离公路，避开交通污染，同时时间上错开村民做饭时段。在秸秆露天焚烧的下风向布置采样仪器，捕集烟羽中的分粒径颗粒物和 $PM_{2.5}$ 样品以及气体样品进行 $CO_2$、CO、$CH_4$、$NO_x$、$SO_2$、$NH_3$、VOCs 分析，参考价值很高。由于国内缺乏森林火灾的相关排放系数数据，因此森林火灾的 OC、EC 排放系数可参考 Andreae 等（2001）关于生物质燃烧排放系数的研究成果，秸秆露天焚烧的 PM 排放系数同样可参考 Andreae 等的研究成果，该项研究具有一定的权威性，被广泛应用。详细取值见表 4.8、表 4.9。

表 4.6　户用生物质炉具排放系数汇总（第二级分类）　　　　单位：g/kg

| 项目 | | $SO_2$ | $NO_x$ | $NH_3$ | CO | VOCs | $PM_{10}$ | $PM_{2.5}$ |
|---|---|---|---|---|---|---|---|---|
| 户用生物质炉具 | 秸秆 | 1.38 | 0.62 | 0.53 | 95.30 | 8.27 | 7.05 | 6.56 |
| | 薪柴 | 0.40 | 0.97 | 1.30 | 29.00 | 3.13 | 3.48 | 3.24 |
| | 生物质成型燃料 | 0.40 | 1.07 | 1.30 | 8.25 | 1.13 | 1.24 | 0.67 |
| | 牲畜粪便 | 0.28 | 0.58 | 1.30 | 19.80 | 3.13 | 8.84 | 8.22 |

表 4.7　户用生物质炉具排放系数汇总（第三级分类）　　　　单位：g/kg

| 项目 | | $SO_2$ | $NO_x$ | $NH_3$ | CO | VOCs | $PM_{10}$ | $PM_{2.5}$ |
|---|---|---|---|---|---|---|---|---|
| 户用生物质炉具 | 玉米秸秆 | 1.33 | 0.83 | 0.68 | 56.60 | 7.34 | 7.39 | 6.87 |
| | 小麦秸秆 | 2.36 | 0.51 | 0.37 | 171.70 | 9.37 | 8.86 | 8.24 |
| | 水稻秸秆 | 0.48 | 0.43 | 0.52 | 67.70 | 8.40 | 6.88 | 6.40 |
| | 高粱秸秆 | 1.25 | 1.12 | 0.52 | 44.90 | 1.61 | 7.63 | 7.10 |
| | 油菜秸秆 | 1.36 | 1.65 | 0.52 | 133.50 | 7.97 | 13.73 | 12.77 |
| | 其他秸秆 | 1.36 | 0.72 | 0.52 | 85.20 | 7.97 | 7.69 | 7.15 |
| | 薪柴 | 0.40 | 0.97 | 1.30 | 29.00 | 3.13 | 3.48 | 3.24 |
| | 生物质成型燃料 | 0.40 | 1.07 | 1.30 | 8.25 | 1.13 | 1.24 | 0.67 |
| | 牲畜粪便 | 0.28 | 0.58 | 1.30 | 19.80 | 3.13 | 8.84 | 8.22 |

表 4.8　生物质开放燃烧排放系数汇总（秸秆第二级分类）　　单位：g/kg

| 项目 | | SO$_2$ | NO$_x$ | NH$_3$ | CO | VOCs | PM$_{10}$ | PM$_{2.5}$ |
|---|---|---|---|---|---|---|---|---|
| 森林火灾 | 热带 | 0.57 | 1.60 | 2.90 | 104.00 | 8.10 | 9.29 | 9.10 |
| | 温带 | 1.00 | 3.00 | 2.90 | 107.00 | 5.70 | 13.27 | 13.00 |
| 草原火灾 | | 0.35 | 3.90 | 0.70 | 65.00 | 3.40 | 5.51 | 5.40 |
| 秸秆露天焚烧 | | 0.53 | 2.92 | 0.53 | 49.90 | 8.45 | 6.93 | 6.79 |

表 4.9　生物质开放燃烧排放系数汇总（秸秆第三级分类）　　单位：g/kg

| 项目 | | SO$_2$ | NO$_x$ | NH$_3$ | CO | VOCs | PM$_{10}$ | PM$_{2.5}$ |
|---|---|---|---|---|---|---|---|---|
| 森林火灾 | 热带 | 0.57 | 1.60 | 2.90 | 104.00 | 8.10 | 9.29 | 9.10 |
| | 温带 | 1.00 | 3.00 | 2.90 | 107.00 | 5.70 | 13.27 | 13.00 |
| 草原火灾 | | 0.35 | 3.90 | 0.70 | 65.00 | 3.40 | 5.51 | 5.40 |
| 秸秆露天焚烧 | 玉米 | 0.44 | 4.30 | 0.68 | 53.00 | 10.40 | 11.95 | 11.71 |
| | 小麦 | 0.85 | 3.31 | 0.37 | 59.60 | 7.48 | 7.73 | 7.58 |
| | 水稻 | 0.53 | 1.42 | 0.53 | 27.70 | 8.45 | 5.78 | 5.67 |
| | 其他 | 0.53 | 2.92 | 0.53 | 49.90 | 8.45 | 6.93 | 6.79 |

## 4.1.9　天然源

天然源的排放因子主要来自科研文献，基于大量的文献，得出天然源如下的排放因子，见表 4.10。

表 4.10　天然源排放因子库

| 土地利用类型 | 叶面积指数 LAI | 叶生物量密度 LMD/（g/m$^2$） | 异戊二烯/[μg/（m$^2$·h），以 C 计] | 单萜烯/[μg/（m$^2$·h），以 C 计] | 其他 VOCs/[μg/（m$^2$·h），以 C 计] |
|---|---|---|---|---|---|
| 水田 | 4 | 500 | 50 | 50 | 150 |
| 旱地 | 4 | 740 | 74 | 74 | 14.8 |
| 有林地 | 5 | 785 | 1 570 | 1 177.5 | 1 177.5 |
| 疏林地 | 4 | 31 | 3.1 | 3.1 | 55.8 |
| 其他林地 | 5 | 650 | 650 | 422.5 | 1 105 |
| 高覆盖草地 | 2.5 | 105 | 52.5 | 21 | 63 |
| 中覆盖草地 | 2 | 95 | 38 | 14.25 | 47.5 |
| 低覆盖草地 | 2 | 90 | 27 | 9 | 36 |
| 水域 | 0 | 0 | 0 | 0 | 0 |
| 城乡工矿居民 | 2 | 31 | 3.1 | 3.1 | 55.8 |
| 未利用土地 | 1.3 | 31 | 3.1 | 3.1 | 55.8 |

### 4.1.10 其他排放源

餐饮油烟的排放系数为单位体积油烟中的大气污染物排放量。排放系数获取方法优先采用污染源实测法，如缺少可靠的实测数据，则采用文献调研法。

实测法是指对污染源开展测试，获取实际条件下的排放系数。实测法的优点是能够反映污染源的实际排放情况，获取的排放系数准确度高；缺点是工作量大，需要的人力和成本较高。有条件的地区可对当地典型废弃物处理源开展实际排放系数的测试。

文献调研法是指收集整理文献中报道的排放系数，并用于排放量计算的方法。在缺少可靠的本地实测资料的情况下，宜采用本手册推荐使用的排放系数和油烟净化器的去除效率。

餐饮源中各污染物的排放因子推荐参考使用《国家大气污染物排放源清单编制技术指南》中的排放系数，如表 4.11 所示。

表 4.11　餐饮油烟排放系数　　　　　　　　单位：mg/m³

| 部门 | VOCs | $PM_{2.5}$ | $PM_{10}$ | BC | OC |
|------|------|------|------|------|------|
| 餐饮源 | 5.60 | 6.40 | 8 | 0.13 | 4.48 |

## 4.2　排放因子收集方法概述

### 4.2.1　实测法

#### 1. 方法说明

实测法是指对污染源开展测试，获取实际条件下的排放因子。实测法的优点是能够反映污染源的实际排放情况，获取的排放因子准确度高；缺点是工作量大，需要的人力和成本较高。

### 2. 监测方法

1）常规污染物（$SO_2$、$NO_x$、TSP、$NH_3$ 等）及工况参数（烟气温度、相对湿度、流速等）

常规污染物及工况参数的监测按照《固定源废气监测技术规范》（HJ 397—2007）、《固定污染源排气中颗粒物测定与气态污染物采样方法》（GB/T 16157—1996）规定的要求进行。

常规污染物的监测分析方法见表 4.12。

表 4.12　常规污染物的监测分析方法

| 序号 | 污染物项目 | 监测分析方法 |
|---|---|---|
| 1 | $SO_2$ | 《固定污染源排气中二氧化硫的测定　定电位电解法》（HJ/T 57—2000）<br>《固定污染源排气中二氧化硫的测定　碘量法》（HJ/T 56—2000） |
| 2 | $NO_x$ | 《固定污染源废气氮氧化物的测定　定电位电解法》（HJ 693—2014）<br>《固定污染源废气氮氧化物的测定　非分散红外吸收法》（HJ 692—2014）<br>《固定污染源排气中氮氧化物的测定　紫外分光光度法》（HJ/T 42—1999）<br>《固定污染源排气中氮氧化物的测定　盐酸萘乙二胺分光光度法》（HJ/T 43—1999） |
| 3 | CO | 《固定污染源排气中一氧化碳的测定　非色散红外吸收》（HJ/T 44—1999） |
| 4 | $NH_3$ | 《环境空气和废气氨的测定　纳氏试剂分光光度法》（HJ/533—2009） |

2）颗粒物（可吸入颗粒物 $PM_{10}$/细颗粒物 $PM_{2.5}$）

固定污染源 $PM_{10}$/$PM_{2.5}$ 监测方法见表 4.13。推荐采用稀释通道法，也可使用旋风分级采样法或撞击式分级采样法。

表 4.13　$PM_{10}$/$PM_{2.5}$ 的监测方法

| 序号 | 方法类型 | 方法标准号 |
|---|---|---|
| 1 | 稀释通道法 | ISO 25597：2013 |
| 2 | 旋风分级采样法 | EPA Method 201A、EPA Method 202 |
| 3 | 撞击式分级采样法 | ISO 23210：2009 |

固定污染源 $PM_{10}$/$PM_{2.5}$ 分析方法参照《环境空气 $PM_{10}$ 和 $PM_{2.5}$ 的测定　重量法》（HJ 618—2011）。

（1）稀释通道法（参照 ISO 25597：2013）。该方法利用 $PM_{10}/PM_{2.5}$ 旋风式切割头对烟气中的颗粒物进行预切割，模拟烟气排放到大气中几秒到几分钟内的稀释、冷凝、凝结等过程，再通过 $PM_{10}/PM_{2.5}$ 旋风式切割头切割，用滤膜采集 $PM_{10}/PM_{2.5}$，最后称重。稀释比应大于等于 20：1，停留室停留时间不小于 10 s，稀释后的烟气温度和相对湿度分别小于 42℃ 和 70%。稀释通道的结构见图 4.1，主要包括细颗粒物稀释系统（旋风式切割头预切割、等速采样头、采样烟枪、稀释装置、停留室）和采样系统（$PM_{2.5}$ 旋风式切割头、滤膜膜托、流量计、调节阀、采样泵）。

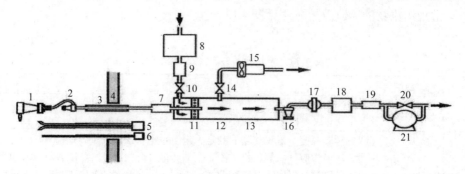

1. $PM_{10}$ 旋风式切割头；2. $PM_{2.5}$ 旋风式切割头；3. 加热采样管；4. 采样口；5. 皮托管；6. 温度传感器；7. 流量计；8. 清洁空气发生器；9. 流量计；10. 调节阀；11. 布气孔板；12. 混合室；13. 停留室；14. 旁路间；15. 大流量风机；16. $PM_{2.5}$ 旋风式切割头；17. 滤膜；18. 冷凝水装置；19. 流量计；20. 调节阀；21. 采样泵

**图 4.1   固定污染源 $PM_{10}/PM_{2.5}$ 稀释通道法监测系统（ISO 25597：2013）**

（2）旋风分级采样法（参照 EPA Method 201A/Method 202）。EPA Method 201A 适用于颗粒物排放浓度较高的固定源。气流流经 $PM_{10}$ 旋风采样器，经顶端反向帽阻挡后从灰斗方向流向第二级 $PM_{2.5}$ 旋风采样器，从第二级旋风出气口流出后被后置滤膜捕集下来。采样完成后用丙酮分别冲洗 $PM_{10}$ 旋风灰斗及锥体表面、$PM_{2.5}$ 旋风灰斗和锥体表面以及二者之间的连接管，后将冲洗液中丙酮蒸发，残留物分别为 $PM_{10}$、$PM_{2.5\sim10}$；$PM_{2.5}$ 旋风出气口管路残留物以及后置滤膜上颗粒物为 $PM_{2.5}$。为了采集可冷凝颗粒物，USEPA 提出了 EPA Method 202，是在 201A 方法的基础上增加了冷凝管，这些装置的温度控制在 20～30℃，从后置滤膜流出的烟气被冷却降温，可凝结蒸气经成核形成颗粒物，即可冷凝颗粒物。EPA Method

201A、EPA Method 202 监测系统结构见图 4.2。

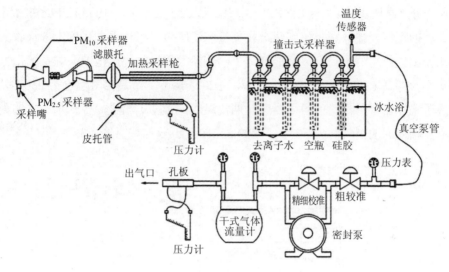

EPA Method 201A

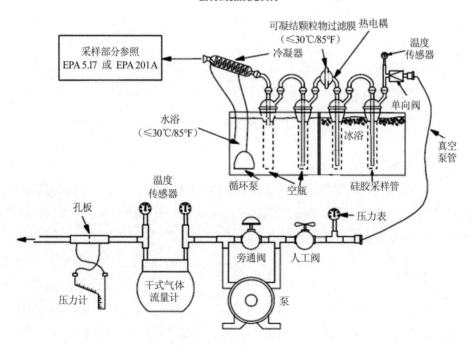

EPA Method 202

图 4.2　固定污染源 PM$_{10}$/PM$_{2.5}$ 旋风分级监测系统

（3）撞击式分级采样法（参照 ISO 23210：2009）。ISO 23210：2009 利用惯性撞击分级原理，将烟气颗粒物分为 $D_a > 10\ \mu m$、$2.5\ \mu m < D_a \leqslant 10\ \mu m$ 和 $D_a \leqslant 2.5\ \mu m$。分级后的颗粒物被分别收集到两级收集板和滤膜上，用称重方式确定各级收集板和滤膜上颗粒物的重量。该标准规定了一些参数的标准使用范围：虚拟撞击器适合采集含有高浓度颗粒物的烟气，可高达 $200\ mg/m^3$；最高烟气温度为 250℃，这取决于采样器密封材料的耐受温度；烟气温度高于露点温度，否则水蒸气的凝结将改变颗粒物的空气动力学行为。ISO 23210：2009 结构见图 4.3。

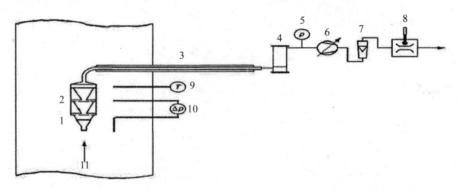

1. 喷嘴；2. 虚拟撞击器；3. 连接管；4. 冷却干燥柱；5. 控制阀；6. 压力计；7. 流速计；

8. 带温度传感器的文丘里流量计；9. 泵；10. 温度测量仪；11. 空速管差压计；12. 烟气入口

图 4.3　固定污染源 $PM_{10}/PM_{2.5}$ 撞击式分级监测系统（ISO 23210：2009）

3）挥发性有机物（VOCs）

固定污染源 VOCs 监测方法可参照《固定污染源废气　挥发性有机物的采样气袋法》（HJ 732—2014）和《固定污染源废气　挥发性有机物的测定　固相吸附-热脱附/气相色谱-质谱法》（HJ 734—2014）。

### 3. 质保质控

固定污染源常规污染物、工况参数和 $PM_{10}$、$PM_{2.5}$ 监测过程中的质保质控参照《固定污染源监测质量保证与质量控制技术规范（试行）》（HJ/T 373—2007），主要从仪器的检定和校准、监测仪器设备的质量检验、现场监测的质量保证三方面进行。

固定污染源 VOCs 监测过程中的质保质控参照《固定污染源废气　挥发性有机物的采样气袋法》(HJ 732—2014)和《固定污染源废气　挥发性有机物的测定　固相吸附-热脱附/气相色谱-质谱法》(HJ 734—2014)。

### 4. 排放因子折算方法

根据污染源规模、燃料、工艺、控制措施等分类进行排放系数的实测及折算。由于现场实测得到的数据为污染源的浓度水平和烟气温度、相对湿度、流量等工况信息,需要将该浓度水平折算成单位产品/燃料/原料的排放当量,计算公式如下:

$$EF_n = \rho \times L / P \times 10^{-3} \tag{4-1}$$

式中: $EF_n$——排放因子,g/kg 产品(原料)燃料;

　　　$\rho$——污染物浓度,$mg/m^3$;

　　　$L$——标态流量,$m^3/h$;

　　　$P$——小时产品、原料、燃料量,kg/h。

## 4.2.2　估算法

估算法主要包括物料衡算法和模型估算法。

### 1. 物料衡算法

物料衡算法是通过对输入和输出物质的详细分析确定产生系数,再结合污染控制设备或措施的去除效率获取排放系数。

对于溶剂使用行业的 VOCs 产生系数推荐优先采用物料衡算法,按照涂料、胶黏剂中 VOCs 比例等参数估算产生系数,再根据污染控制技术去除效率计算排放系数。

对于固定燃烧源中的大型和中型燃煤设备的 $SO_2$、$PM_{10}$ 和 $PM_{2.5}$ 产生系数在缺乏实测数据的条件下推荐采用物料衡算法,按照平均燃煤收到基硫分含量、燃煤收到基灰分、灰分进入底灰比例、$PM_{10}$ 和 $PM_{2.5}$ 占总排放颗粒物的比例等参数估算产生系数,再根据污染控制技术去除效率计算排放系数。

### 2. 模型估算法

模型估算法是指通过数值模拟模型估算污染物的排放系数的方法，主要应用于石化行业和储油库储罐排放系数的估算，模型为 TANK4.09、颗粒物无组织排放估算模型等。

## 4.2.3 文献调研法

文献调研法是指通过从科技文献、排放系数数据库等资料中收集整理相近燃料/产品、工艺技术、污染控制技术的排放测试结果，获取对应排放系数的方法。文献调研数据包括国内外科技文献、国内外排放系数库、行业报告等来源数据，估算数据包括模型估算和物料衡算方法计算数据。

# 4.3 典型污染物排放因子与化学成分谱本地化测试

## 4.3.1 颗粒物排放因子与化学成分谱本地化测试

### 1. 固定源颗粒物本地化测试

1）固定源 $PM_{2.5}$、$PM_{10}$ 本地化测试

（1）监测设备的研制。

对于固定源烟气中细颗粒物的采集，主要采用稀释烟道方法进行。自 20 世纪 80 年代美国研究人员研制了第一台固定源稀释采样系统后，固定源稀释采样系统得到不断的发展和完善，我国在此系统上的研发也取得了一定的进展。尽管固定源稀释采样系统对烟气中的细颗粒物具有很好的采集效果，然而该系统主要针对干烟气或相对湿度较大但无液滴的烟气，对于含液滴的烟气其适用性受到一定限制。

在美国 EPA 的方法中（EPA Method 5、EPA Method 17、EPA Method 201/201A、EPA Method 202、EPA CTM-039 等），为防止烟气冷凝，主要采用对采样嘴和采样枪进行加热，然后对热烟气进行稀释，经一定时间的老化后进行采集。由于在烟

气被采集之前进行了加热，可能造成烟气的物理化学性质发生变化，使最终采集的颗粒物与原始状态存在差异。目前有国内外学者正对此进行研究。

设计了一种适用于固定源高湿度烟气中细颗粒物的采集装置，该装置采样器结构小型化，稀释比可调，稀释气用量小，操作方便。设计图如图 4.4 所示，射流稀释器设计如图 4.5、图 4.6 所示。

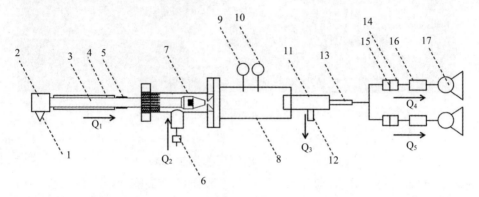

1. 采样喷嘴；2. 气液旋风分离器；3. nafion 采样枪；4. 采样枪不锈钢外壳；5. 氟橡胶连接管；6. 气体质量流量计；7. 射流稀释器；8. 停留室；9. 气体温湿度计；10. 气体压力传感器；11. 出气管；12. 出气口 1；13. 出气口 2；14. 颗粒物切割器；15. 采样膜；16. 气体质量流量计；17. 恒流采样泵

**图 4.4　固定源含液滴烟气中细颗粒物的采集装置结构示意图**

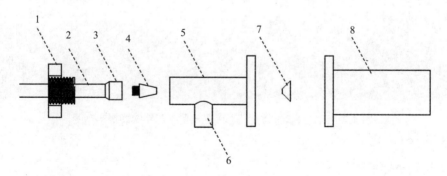

1. 射流管固定螺栓；2. 射流管（烟气引入管）；3. 喷嘴安装底座；4. 稀释器喷嘴；5. 稀释腔；6. 稀释气进口；7. 稀释混合气扩散锥体；8. 停留室

**图 4.5　射流稀释器结构示意图**

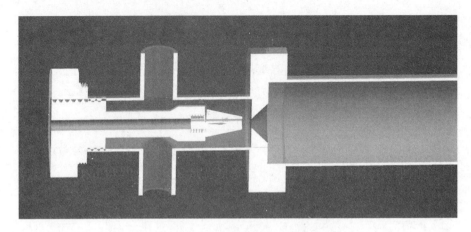

图 4.6    射流稀释器三维示意图

该装置解决了固定源高湿烟气中颗粒物的采集问题，采用一级稀释，烟气经稀释后直接进入停留室，通过稀释器的入口和出口的选择，调节稀释比，整个装置结构紧凑、模块化、操作简便、方便运输与安装。现场实测图见图 4.7。

图 4.7    固定源含液滴烟气中细颗粒物采样系统现场实测图

（2）试验锅炉选取。

目前，我国的供热锅炉以烟煤为主，随着近年各地清新空气行动计划开展以来，供热燃料以天然气等清洁能源逐步取代燃料煤，燃煤供暖锅炉烟气净化设备主要为旋风除尘器和湿式除尘器，因此，依据锅炉吨位以及燃料类型，本次试验选取某大型城市 7 台燃煤供热锅炉、1 台燃气供热锅炉开展颗粒物排放测试，锅炉基本信息及锅炉煤质分析见表 4.14、表 4.15。测试锅炉的主要功能为供热，因此，测定时间选择在供暖期的 2015 年 1 月进行。

表 4.14　锅炉基本信息

| 锅炉编号 | 锅炉型号 | 锅炉吨位/<br>（t/h） | 燃料类型 | 炉型 | 燃烧方式 | 除尘设施 |
|---|---|---|---|---|---|---|
| 1#锅炉 | SHL-20/13-A | 20 | 低硫煤 | 链条炉排 | 层燃 | 湿式除尘 |
| 2#锅炉 | DHL29-1.25/130/70-AⅡ | 40 | 烟煤 | 链条炉排 | 层燃 | 湿式除尘 |
| 3#锅炉 | CZLI-1.25-AⅡ | 10 | 燃煤 | 链条炉排 | 层燃 | 湿式除尘 |
| 4#锅炉 | SZL29-1.25/130/70-AⅡ | 40 | 烟煤 | 链条炉排 | 层燃 | 湿式除尘 |
| 5#锅炉 | SHL40-2.5-AⅡ | 20 | 燃煤 | 链条炉排 | 层燃 | 多管旋风 |
| 6#锅炉 | WNX7.0-1.25/135/QW | 10 | 天然气 | — | — | — |
| 7#锅炉 | DZL58 | 80 | 燃煤 | 链条炉排 | 层燃 | 多管旋风 |
| 8#锅炉 | DZL64/1.6-150-90/AⅡ3 | 90 | 燃煤 | 链条炉排 | 层燃 | 多管旋风 |

表 4.15　燃煤锅炉煤质分析

| 锅炉编号 | 挥发分/<br>% | 灰分/<br>% | 全硫/<br>% | 平均高位发热<br>量/（MJ/kg） | 平均低位发热<br>量/（MJ/kg） | 氢/<br>% |
|---|---|---|---|---|---|---|
| 1#锅炉 | 27.80 | 16.46 | 0.88 | 26.56 | 25.83 | 3.94 |
| 2#锅炉 | 29.46 | 8.71 | 0.22 | 23.35 | 21.32 | 2.65 |
| 3#锅炉 | 27.63 | 16.58 | 0.88 | 26.56 | 25.83 | 3.94 |
| 4#锅炉 | 28.52 | 8.72 | 0.38 | 24.78 | 23.60 | 4.05 |
| 5#锅炉 | 31.2 | 17.13 | 0.86 | 26.78 | 24.26 | 4.05 |
| 7#锅炉 | 29.46 | 8.71 | 0.22 | 23.35 | 21.32 | 2.65 |
| 8#锅炉 | 29.46 | 8.71 | 0.22 | 23.35 | 21.32 | 2.65 |

（3）试验方法。

颗粒物取样点设置在除尘器和脱硫装置后的出口烟道，测试口位置及大小等依照《固定污染源排气中颗粒物测定与气态污染物采样方法》（GB/T 16157—1996）的采样基本要求。

采用烟气分析仪（Testo350）在线测量烟气中氧含量和烟气温度等参数；采用皮托管流量计测量烟气流量。

采用自主研制的大气固定源细颗粒物监测设备进行 $PM_{10}$ 和 $PM_{2.5}$ 颗粒物数据采集，主要包括烟气进气（采样枪）部分、一级稀释系统、二级稀释系统、停留室和采样部分。本研究中，稀释倍数在 5～7 倍之间，利用双通道颗粒物旋风采样器进行 $PM_{10}$ 和 $PM_{2.5}$ 的膜采样，其中对 $PM_{10}$ 和 $PM_{2.5}$ 的滤膜保存及称量均参照《环境空气　$PM_{10}$ 和 $PM_{2.5}$ 的测量　重量法》（HJ 618—2011）进行。$PM_{10}$ 和 $PM_{2.5}$ 排放质量浓度及排放量的计算依据《固定污染源排气中颗粒物测定与气态污染物采样方法》（GB/T 16157—1996）进行。

（4）试验结果与讨论。

①现场实测结果。

应用自制监测设备对 8 家企业自用锅炉进行了现场实测，测试数据见表 4.16。

②烟尘排放控制后 $PM_{10}$、$PM_{2.5}$ 排放水平及分布规律。

表 4.16 为测试锅炉除尘和脱硫后的 $PM_{10}$、$PM_{2.5}$ 排放浓度及分布情况，燃气锅炉颗粒物排放浓度较低，在无控条件下，其中可吸入颗粒物排放即为细颗粒物排放。燃煤锅炉污染物排放在经过除尘和脱硫后，烟气颗粒物排放中细颗粒物占可吸入颗粒物的 77.42%～94.19%，且多管旋风除尘 $PM_{2.5}/PM_{10}$ 比例（88.89%～94.19%）要显著高于湿式除尘 $PM_{2.5}/PM_{10}$ 比例（77.42%～93.02%），与国内相关研究比较，本研究中细颗粒物在可吸入颗粒物中的分布情况具有较好的可比性，结果表明，燃煤层燃锅炉颗粒物排放中，$PM_{2.5}$ 占 $PM_{10}$ 的绝大部分（达 93%），除尘设施对较大粒径颗粒物的去除效率要高于细颗粒物的，且湿式除尘对细颗粒物的捕集效率要高于机械除尘（多管旋风），锅炉燃煤排放的细颗粒物是环境空气污染的主要来源。

表 4.16　现场实测数据汇总

| 采样日期 | 样品编号 | | 采样时间 | 标况体积/m³ | 工况体积/m³ | 样气流量/(L/min) | 稀释气流量/(L/min) | 锅炉吨位/t | 烟道截面积/m² | 烟温/℃ | 含湿量/% | 烟速/(m/s) | 投煤量/(t/d) | 含氧量/% |
|---|---|---|---|---|---|---|---|---|---|---|---|---|---|---|
| 2015.1.20 | Q47-1 | $PM_{10}$ | 2 h 7 min | 4.88 | 4.96 | 15 | 85 | 20 | 1.16 | 50 | 10.80 | 9.7 | 20～30 | 12 |
| | Q47-2 | $PM_{2.5}$ | | 4.86 | 4.95 | | | | | | | | | |
| | T47-1 | $PM_{10}$ | 2 h 22 min | 5.49 | 5.53 | | | | | | | | | |
| | T47-2 | $PM_{2.5}$ | | 5.48 | 5.52 | | | | | | | | | |
| 2015.1.21 | Q47-3 | $PM_{10}$ | 2 h 9 min | 4.79 | 5.01 | 20 | 110 | 40 | 2.27 | 54 | 55.70 | 6.6 | 80.8 | 10 |
| | Q47-4 | $PM_{2.5}$ | 2 h 9 min | 4.75 | 4.99 | | | | | | | | | |
| | T47-3 | $PM_{10}$ | 2 h 44 min | 6.10 | 6.33 | | | | | | | | | |
| | T47-4 | $PM_{2.5}$ | 2 h 44 min | 6.07 | 6.31 | | | | | | | | | |
| 2015.1.22 | Q47-5 | $PM_{10}$ | 1 h 5 min | 2.47 | 2.50 | 17 | 97 | 10 | 0.79 | 90 | 11 | 4.5 | 7～10 | 11 |
| | Q47-6 | $PM_{2.5}$ | 1 h 5 min | 2.47 | 2.50 | | | | | | | | | |
| | T47-5 | $PM_{10}$ | 1 h | 2.28 | 2.32 | | | | | | | | | |
| | T47-6 | $PM_{2.5}$ | 1 h | 2.28 | 2.31 | | | | | | | | | |
| 2015.1.25 | Q47-7 | $PM_{10}$ | 1 h 53 min | 4.27 | 4.39 | 22 | 100 | 40 | 10.50 | 65 | 4.20 | 6.2 | 40～50 | 14 |
| | Q47-8 | $PM_{2.5}$ | 1 h 53 min | 4.26 | 4.39 | | | | | | | | | |
| | T47-7 | $PM_{10}$ | 2 h 11 min | 4.89 | 5.05 | | | | | | | | | |
| | T47-8 | $PM_{2.5}$ | 2 h 11 min | 4.88 | 5.04 | | | | | | | | | |

| 采样日期 | 样品编号 | | 采样时间 | 标况体积/m³ | 工况体积/m³ | 样气流量/(L/min) | 稀释气流量/(L/min) | 锅炉吨位/t | 烟道截面积/m² | 烟温/℃ | 含湿量/% | 烟速/(m/s) | 投煤量/(t/d) | 含氧量/% |
|---|---|---|---|---|---|---|---|---|---|---|---|---|---|---|
| 2015.1.26 | Q47-9 | PM₁₀ | 1 h 38 min | 3.75 | 3.80 | 20 | 100 | 20 | 6.67 | 49 | 4.4 | 4.5 | 130 | 13 |
| | Q47-10 | PM₂.₅ | 1 h 38 min | 3.75 | 3.80 | | | | | | | | | |
| | T47-9 | PM₁₀ | 2 h | 4.57 | 4.61 | | | | | | | | | |
| | T47-10 | PM₂.₅ | 2 h | 4.57 | 4.61 | | | | | | | | | |
| 2015.1.27 | Q47-11 | PM₁₀ | 2 h 19 min | 5.45 | 5.35 | 20 | 100 | 10 | 0.38 | 64 | 11.30 | 5.7 | — | |
| | Q47-12 | PM₂.₅ | 2 h 19 min | 5.44 | 5.35 | | | | | | | | | |
| | T47-11 | PM₁₀ | 2 h | 4.66 | 4.64 | | | | | | | | | |
| | T47-12 | PM₂.₅ | 2 h | 4.68 | 4.64 | | | | | | | | | |
| 2015.1.28 | Q47-13 | PM₁₀ | 1 h 54 min | 4.45 | 4.39 | 20 | 100 | 80 | 3.06 | 57 | 2.40 | 10.8 | 130~140 | 9 |
| | Q47-14 | PM₂.₅ | 1 h 54 min | 4.45 | 4.39 | | | | | | | | | |
| | T47-13 | PM₁₀ | 1 h 52 min | 4.31 | 4.29 | | | | | | | | | |
| | T47-14 | PM₂.₅ | 2 h 01 min | 4.66 | 4.64 | | | | | | | | | |
| 2015.1.29 | Q47-15 | PM₁₀ | 2 h | 4.62 | 4.63 | 20 | 100 | 90 | 4.91 | 49 | 4.70 | 9.6 | 300 | 10 |
| | Q47-16 | PM₂.₅ | 2 h | 4.62 | 4.63 | | | | | | | | | |
| | T47-15 | PM₁₀ | 1 h 59 min | 4.57 | 4.59 | | | | | | | | | |
| | T47-16 | PM₂.₅ | 2 h | 4.58 | 4.62 | | | | | | | | | |

表 4.17　测试锅炉烟气颗粒物排放浓度

| 锅炉 | 吨位/t | 除尘设施 | 燃料类型 | PM$_{10}$/（mg/m$^3$） | PM$_{2.5}$/（mg/m$^3$） | PM$_{2.5}$/PM$_{10}$/% |
|---|---|---|---|---|---|---|
| 1#锅炉 | 20 | 湿式除尘 | 烟煤 | 3.62 | 2.85 | 77.42 |
| 2#锅炉 | 40 | 湿式除尘 | 烟煤 | 9.27 | 8.67 | 93.02 |
| 3#锅炉 | 10 | 湿式除尘 | 烟煤 | 6.05 | 5.16 | 83.87 |
| 4#锅炉 | 40 | 湿式除尘 | 烟煤 | 8.45 | 7.77 | 91.67 |
| 5#锅炉 | 20 | 多管旋风 | 烟煤 | 5.18 | 4.70 | 90.83 |
| 6#锅炉 | 10 | — | 天然气 | 1.22$^*$ | 1.20$^*$ | 100.00 |
| 7#锅炉 | 80 | 多管旋风 | 烟煤 | 22.51 | 19.81 | 88.89 |
| 8#锅炉 | 90 | 多管旋风 | 烟煤 | 29.17 | 27.48 | 94.19 |
| 耿春梅等（2013） | 3 | 湿式除尘 | 烟煤 | | | 92.00 |
| 周楠等（2006） | 4 | 多管旋风 | 烟煤 | | | 94.12 |
| 郝吉明等（2008） | 2 | 多管旋风 | 烟煤 | | | 75.00 |

*单位为 $10^4$ m$^3$/d。

③PM$_{10}$、PM$_{2.5}$实测排放因子与物料衡算法比较。

排放因子即排放系数，是编制大气污染源排放清单的重要参数。采用排放因子法编制大气污染源排放清单，与其他核算方法比较而言，具有准确度适中、简单方便特点，美国等国家已将排放因子法视为空气质量管理的基本工具。目前，在国内，基于实测的污染物排放因子库尚未完善，通常依据物料衡算法计算燃煤锅炉 PM$_{10}$、PM$_{2.5}$ 等污染物排放因子，计算方法如下：

$$\mathrm{EF_{PM}}=A_{\mathrm{ar}}\times（1-\mathrm{ar}）\times f_{\mathrm{PM}}\times（1-\eta） \tag{4-2}$$

式中：$A_{\mathrm{ar}}$——所用燃煤的灰分；

　　　$f_{\mathrm{PM}}$——PM$_{10}$ 或 PM$_{2.5}$ 在总颗粒物中所占的比例，量纲一；

　　　ar——灰分进入底灰的比例。

在本研究中，燃煤锅炉主要功能是供暖，且燃烧方式为层燃，ar 一般取值 0.85；$f_{\mathrm{PM}}$ 为 PM$_{10}$ 或 PM$_{2.5}$ 在总颗粒物所占的比例，在本研究中，$f_{\mathrm{PM}}$ 中 PM 为 PM$_{10}$ 或 PM$_{2.5}$，若 PM 为 PM$_{10}$，则 $f_{\mathrm{PM}}$ 取值 0.33；若 PM 为 PM$_{2.5}$，则 $f_{\mathrm{PM}}$ 取值

0.10。$\eta$为除尘效率，湿法除尘对 $PM_{10}$、$PM_{2.5}$ 的去除效率分别为 77.88%、50%。文献报道的多管旋风除尘对 $PM_{10}$、$PM_{2.5}$ 的去除效率分别为 51.82%、10%。

本研究中 8 台测试锅炉 $PM_{10}$、$PM_{2.5}$ 实测排放因子与物料衡算结果见表 4.18，从表中比较可以看出，采用物料衡算方法计算所得的颗粒物排放因子远高于实测值，由此可知，在没有实测排放因子支撑的情况下，采用物料衡算法对供暖燃煤锅炉 $PM_{10}$、$PM_{2.5}$ 的一次排放清单估算结果势必存在高估的情况。

利用颗粒物质量浓度及燃料使用量，计算出各锅炉的 $PM_{10}$、$PM_{2.5}$ 的排放因子，并与其他研究结果进行比较，结果也体现在表 4.18 中。本研究中湿法除尘燃煤锅炉 $PM_{10}$、$PM_{2.5}$ 的排放因子平均值分别为（0.341±0.289）kg/t、（0.305±0.270）kg/t，旋风除尘燃煤锅炉 $PM_{10}$、$PM_{2.5}$ 的排放因子平均分别为（0.608±0.163）kg/t、（0.558±0.165）kg/t；其中 $PM_{2.5}$ 略低于王书肖等研究结果，这可能与煤质有关。燃气锅炉 $PM_{10}$、$PM_{2.5}$ 实测排放因子均为 0.025 kg/万 $m^3$，与赵斌等（2008）及清单编制技术文件提供的参考值（0.03 kg/万 $m^3$）较为接近，具有较好的可比性。

表 4.18 测试锅炉颗粒物排放因子结果

| 锅炉 | 燃料类型 | 实测排放因子/（kg/t） | | 物料衡算/（kg/t） | |
|---|---|---|---|---|---|
| | | $PM_{10}$ | $PM_{2.5}$ | $PM_{10}$ | $PM_{2.5}$ |
| 1#锅炉 | 烟煤 | 0.155 | 0.120 | 3.044 | 2.085 |
| 2#锅炉 | 烟煤 | 0.215 | 0.200 | 3.226 | 2.210 |
| 3#锅炉 | 烟煤 | 0.155 | 0.130 | 3.025 | 2.072 |
| 4#锅炉 | 烟煤 | 0.840 | 0.770 | 3.123 | 2.139 |
| 5#锅炉 | 烟煤 | 0.600 | 0.545 | 7.441 | 4.212 |
| 6#锅炉 | 天然气 | 0.025 | 0.025 | — | — |
| 7#锅炉 | 烟煤 | 0.450 | 0.400 | 7.026 | 3.977 |
| 8#锅炉 | 烟煤 | 0.775 | 0.730 | 7.026 | 3.977 |
| 周楠等（2006） | | 0.034 | 0.032 | | |
| 王书肖等（2009） | | | 0.209 | | |
| 王书肖等（2009） | | | 0.486 | | |
| 郝吉明等（2008） | | | 0.210 | | |
| 耿春梅等（2013） | | 0.367 | 0.338 | | |
| 赵斌等（2008） | 天然气 | 0.024[*] | 0.017[*] | | |
| 环保部（2015） | 天然气 | 0.03[*] | 0.03[*] | | |

*单位为 $10^4 \, m^3/d$。

④燃煤锅炉工况对 $PM_{10}$、$PM_{2.5}$ 排放的影响。

测试锅炉基本参数如表 4.19 所示。天津地方标准《锅炉大气污染物排放标准》（DB 12/151—2003）中将理想过剩空气系数定为 1.8，在《锅炉烟尘测试方法》（GB 5468—1999）中也有类似的规定。在锅炉的实际运行过程中，过剩空气系数的大小表征锅炉工作运行状况的好坏，本研究，3#、4#和 5#燃煤锅炉空气过剩系数在 1.8 附近，锅炉工况达到了理想状态，2#、7#和 8#测试燃煤锅炉空气过剩系数太低，表明燃烧过程中空气进入较少，导致燃料的不充分燃烧。1#测试燃煤锅炉空气过剩系数偏高，炉内烟气的含氧量增加，即进入炉内的空气量过多，在排烟时，大量过剩空气将热量带走，排入大气。

表 4.19　测试锅炉基本工况参数

| 锅炉编号 | 过剩空气系数 | 烟气温度/℃ | 标态烟气流量/（$m^3$/h） | 燃料量/（t/d） | 燃料类型 |
|---|---|---|---|---|---|
| 1#锅炉 | 2.12 | 51 | 29 677 | 23.15 | 烟煤 |
| 2#锅炉 | 0.99 | 51 | 38 538 | 55.66 | 烟煤 |
| 3#锅炉 | 1.69 | 93 | 8 287 | 12.00 | 烟煤 |
| 4#锅炉 | 1.92 | 65 | 140 166 | 56.52 | 烟煤 |
| 5#锅炉 | 1.79 | 49 | 83 027 | 22.38 | 烟煤 |
| 6#锅炉 | 0.96 | 64 | 6 306 | 9.20[*] | 天然气 |
| 7#锅炉 | 0.91 | 57 | 255 340 | 141.67 | 烟煤 |
| 8#锅炉 | 0.89 | 53 | 143 884 | 153.21 | 烟煤 |

*单位为 $10^4\,m^3/d$。

图 4.8 为燃煤锅炉工况对 $PM_{10}$、$PM_{2.5}$ 一次排放情况的影响分析，结果表明颗粒物排放与过剩空气系数具有显著负相关关系，即燃煤锅炉 $PM_{10}$、$PM_{2.5}$ 一次排放的质量浓度随着过剩空气系数的升高而下降，过剩空气系数升高，表明锅炉的燃烧负荷升高，烟气排放 $PM_{10}$、$PM_{2.5}$ 一次排放浓度降低。

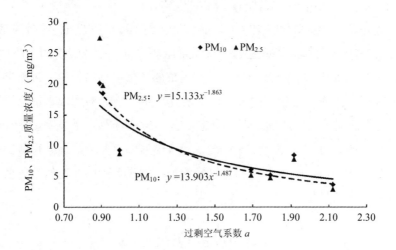

图 4.8　燃煤锅炉一次颗粒物排放与过剩空气系数的相关关系

⑤燃煤锅炉颗粒物排放时间特征分析。

根据被测试燃煤锅炉 24 h 燃料消耗量变化，统计得到供暖燃煤锅炉颗粒物排放时间变化系数，如图 4.9 所示。从图中可以看出，供暖期一天中燃煤锅炉在清晨 6 点至 8 点排放量较大，排放低谷出现在午后。

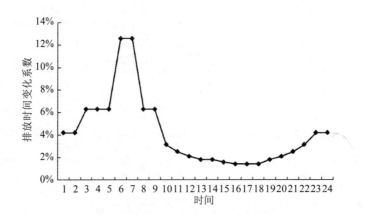

图 4.9　燃煤锅炉细颗粒物日排放特征

（5）结论

①实测了 7 台 10～90 t 的供暖燃煤锅炉和 1 台 10 t 燃气锅炉，湿法除尘燃煤锅炉 $PM_{10}$、$PM_{2.5}$ 的排放因子平均分别为（0.341±0.289）kg/t、（0.305±0.270）kg/t；旋风除尘燃煤锅炉 $PM_{10}$、$PM_{2.5}$ 的排放因子平均分别为（0.608±0.163）kg/t、（0.558±0.165）kg/t；燃气锅炉 $PM_{10}$、$PM_{2.5}$ 排放因子均为 0.025 kg/万 $m^3$。测试结果与国内已有研究结果具有很好的可比性。

②燃煤层燃锅炉颗粒物排放中，$PM_{2.5}$ 占 $PM_{10}$ 的绝大部分（达 93%），其中，采用湿法除尘的燃煤锅炉 $PM_{2.5}$ 占 $PM_{10}$ 的比例显著低于采用多管旋风除尘的燃煤锅炉。

③7 台燃煤锅炉的实测颗粒物排放因子显著低于物料衡算结果，说明采用物料衡算方法对现有排放清单中燃煤锅炉的一次颗粒物排放量的估算存在高估的情况，因此，需要扩展样本监测量，以完善颗粒物排放因子库，降低排放清单的不确定性。

④自主研发的大气固定源细颗粒物监测设备在现场实测过程中，设备操作简便、性能稳定，测量结果可靠，能够满足大气固定源细颗粒现场采集监测的需求。

2）固定源 PM 本地化测试

固定源颗粒物本地化测试中，针对部分火电厂超净排放下颗粒物浓度极低，此前的测定方法难以满足本地化精准测试要求的情况。进行了相关研究，推荐使用低浓度颗粒物测定法进行本地化测试。

（1）方法原理：以《固定污染源排气中颗粒物和气态污染物采样》（GB/T 16157—1996）中所介绍等速采样的原理作为基础来进行方法原理研究。

美国 EPA 方法 5 和方法 5I 以及 ISO 12141 标准等，均是要求在出现或可能出现水气冷凝的烟气条件下，采用烟道外过滤（图 4.10）采样方法，并加热采样系统的滤膜托架箱等。此外，德国标准 VDI 2066 也规定应尽可能使用烟道内过滤的采样方法。

基于国外研究，我们要力求测定时能够使进入采样嘴排气的流速等于测点排气的流速；并采用滤膜代替滤筒来减少捕获颗粒物介质的自重。选择加热烟道内采样支撑滤膜的滤膜托架相对于在烟道外加热滤膜托架，在设计上要复杂些，但从采样操作上相对容易,特别是清洗沉积在滤膜前端部件内的沉积物,更为方便。因此本方法原理将按等速采样的原理,从烟道抽取一定体积的含颗粒物气体,通过采样头中已知重量的滤膜,捕集气体中的颗粒物。根据滤膜在采样前后的重量差、滤膜上游沉积的颗粒物量和采气体积来计算颗粒物排放浓度。

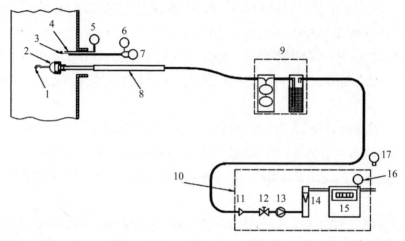

1. 采样嘴;2. 滤膜托架;3.S 形皮托管;4. 温度探头;5. 温度测量;6. 静压测量;7. 压差测量;8. 支撑管(烟道内装置);9. 冷却和干燥系统;10. 抽气单元和气体计量装置;11. 关闭阀;12. 调节阀;13. 泵;14. 流量计;15. 气体流量计;16. 温度测量;17. 气压计

**图 4.10　烟道内过滤采样系统示意图**

(2)采样的基本要求。

采样工况:应在生产设备处于正常状态下进行,或根据有关污染物排放标准的要求,在所规定的工况条件下测定。

采样位置:采样位置应优先选择在垂直管段。应避开烟道弯头和断面急剧变化的部位。采样位置应设置在距弯头、阀门、变径管下游方向不小于 6 倍直径和距上述部件上游不小于 3 倍直径处。对矩形烟道,其当量直径按公式 $D=2AB/(A+B)$ 进行计算,式中 $A$、$B$ 为边长。

采样孔:在选定的位置上开设采样孔,采样孔内径应不小于 125 mm,采样孔管长应不大于 50 mm。不使用时应用盖板、管堵或管帽封闭。当采样孔仅用于采集气态污染物时,其内径应不小于 40 mm。

（3）采样设备。

①颗粒物采样器。

除颗粒物过滤器由滤筒改为滤膜，托架为滤膜托架外其余均可参考 HJ/T 48 的有关要求。滤膜的有关参数主要有以下规定：

a．材质：纤维素（≤75℃，承载颗粒物量低）、聚四氟乙烯（≤230℃，机械强度差，在烘箱处理时≤120℃，否则发生卷曲，静电影响称重）、不含有机黏合剂的玻璃纤维（≤500℃，与酸性化合物，如 $SO_3$ 反应）和石英纤维（≤700℃，热稳定，抗腐蚀，机械强度差，可发生纤维脱落）；

b．规格：$\varphi = 47$ mm 或 $\varphi = 50$ mm；

c．捕集颗粒物效率：在 30～50 L/min 的流量下，对平均粒径 0.3 μm 和 0.6 μm 的粒子（如气溶胶）的捕集效率不低于 99.5% 和 99.9%。捕集颗粒物效率由滤膜供应者提供。

②滤膜托架。

滤膜托架（图 4.11）可参考《固定污染源废气　低浓度颗粒物的测定　重量法》的内容，由支撑滤膜的网托和密封圈组成。选用的材料应保证不同烟气条件（温度、湿度和酸碱性等）下不会对测定结果产生影响。

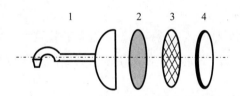

1. 前弯管；2. 滤膜；3. 网托；4. 密封圈

**图 4.11　滤膜托架示意图**

（4）排气中颗粒物的测定。

排气参数方面的测定均可参考 GB/T 16157—1996 的有关要求开展。

①测定方法概要。

选取符合 HJ/T 48 标准技术条件的烟尘采样器进行采样，采样按第 4 条的原理，控制等速率在 92%～108%，获得颗粒物的浓度。

②称重方法。

根据颗粒物采样器的种类，称重带有或没有带上游部件的滤膜（简称"称量部件"），即整体称重或分体称重；淋洗液需要蒸发并根据使用的方法，在同一个容器称重或转移到较小的容器中称重。

③称重。

采样前和采样后用同一台天平称量。每次称量前：

a. 校准天平。检查分析天平的基准水平并根据需要进行调节。必须在采样前和/或采样后称重时校准分析天平；

b. 控制部件。通过称量控制部件进行额外的检查，这些控制部件与测量中使用的部件一样，在控制相同温度和湿度的条件下预处理并保持无污染；

c. 环境条件。记录天平室内环境条件情况。

d. 静电电荷。天平室环境的相对湿度低于 50% 时，称量部件上可能的静电电荷需要用金属板或离子枪放电/中和。

e. 称量时间。应当在称量部件从干燥器中取出后 3 min 内完成。3 次读数分别在时间间隔为 1 min、2 min 和 3 min 时读取。如果发现重量明显增加，应把称量部件放回干燥器。然后重复称量，直至恒重。

（5）采样前准备。

在烟尘采样器运至测试地点前，清洁、准备和检查烟尘采样器。如果没有拆除并彻底清洁处理之前，不能重复使用用于采集高浓度颗粒物的烟尘采样器的任何部件。

每次测试时应当准备好滤膜和与称量有关的部件。这包括测试全程空白的部件和备用部件（如滤膜、滤膜托架、采样嘴等），以便应对生产工艺过程和治理设施的故障等。

将称量部件在 105～110℃的条件下至少烘干 1 h，取出称量部件在干燥器中冷却至少 2 h 至室温，然后称重直到恒重，即前后两次称重变化不超过 0.4 mg，记录结果准确至 0.1 mg（万分之一天平）或 0.01 mg（十万分之一天平）。

保护好所有已称量的部件，防止在运输和贮存期间受污染。

（6）采样步骤。

按选择的不同的等速采样方法，预先平衡或加热采样系统中有关部件到选择的温度，如排气温度≥105℃的温度，滤膜的毛面朝上放置，每个样品采样时间至少 30 min 和颗粒物采集量至少为 3 mg，或全程空白（正值）的 5 倍，空白值不超过排放限值（≥10 mg/m³）的 10%或空白值不超过排放限值（5 mg/m³）的 20%；以二者中较小的值为准。

当排气中颗粒物浓度低于 5 mg/m³ 时，应延长采样时间或在规定的时间内使用大采样体积技术获得足够量的颗粒物外；其余同 GB/T 16157—1996 第 8.3.5 条、第 8.4.4 条、第 8.5.3 条和第 8.6.3 条。

采样完毕后，把称量部件放置在无静电的、清洁的密闭容器中带回实验室。

（7）样品分析。

①整体称重。

用丙酮擦拭滤膜上游部件的外表面至肉眼观察不到有颗粒物，在 105～110℃烘箱中烘干称量部件至少 1 h。然后按 GB/T 16157—1996 第 9.4 条所述，把部件平衡至环境温度并称量至恒重。

②分体称重。

采样结束后，将滤膜（或带有滤膜托架的滤膜）和滤膜上游部件分离。

a. 将滤膜（或带有滤膜托架的滤膜）在 105～110℃烘箱中烘干至少 1 h，然后按 GB/T 16157—1996 第 9.4 条所述，把滤膜（或带有滤膜托架的滤膜）平衡至环境温度并称量至恒重。

b. 用 10 mL 水小心地淋洗滤膜上游部件内表面，淋洗水储存到容器中，重复前述方法用 10 mL 水再次淋洗，淋洗液并入同一容器。然后再用 10 mL 丙酮淋洗，淋洗液储存到另一个容器。注意淋洗过程中不要有外面的东西掉进容器里。小心转移淋洗水到已称重的 25 mL 烧杯（为防止盛淋洗液的烧杯倾倒可将其套放在清洁的、容积更大的容器内）中并加热至蒸干，冷却后将淋洗的丙酮溶液转移至此烧杯，在环境温度和压力下蒸干。放入干燥器中干燥 24 h，并称量至恒重。

③滤膜上游部件清理。

选用整体称重时，称量完毕后淋洗滤膜上游部件的内表面；选用分体称重时，淋洗完滤膜上游部件内表面后，用丙酮擦拭滤膜上游部件的外表面至肉眼观察不到有颗粒物。贮存好清理干净的滤膜上游部件，以备下次测试使用。

④试剂空白和全程空白。

a．试剂空白。在每个测量系列后或至少一天一次，用相同体积的淋洗液（丙酮），以处理采样后收集淋洗液的相同方法至少获得一个可用于修正测量结果的试剂空白；或由使用同批淋洗液（丙酮）的体积估算干残渣的质量用于修正测量结果的试剂空白。带滤膜上游部件一起称重的方法免除试剂空白的制备。

b．全程空白。在每个测量系列后或至少一天一次，但不启动抽气泵，制备一个全程空白样品。这将提供与操作人员进行接近零颗粒物浓度的整个测量过程相关的测量结果的偏差评估，即在采样现场处理、运输、贮存、在实验室处理和称重过程中滤膜和淋洗液的污染。应当单独报告全程空白值。不得从测量颗粒物结果中扣除全程空白值。

（8）结果处理。

①等速采样流量。

由烟尘采样器及有关仪器根据事先测得的排气静压、水分含量和当时测得的测点动压、温度等参数，结合选用的采样嘴直径，由微电脑计算出颗粒物等速采样流量并自动调节采样流量至等速采样的流量在各测点进行采样（自动跟踪皮托管平行测速采样法）。等速采样的流量计算如下式：

$$Q_r' = 0.000\,47 d^2 \cdot v_s \left( \frac{B_a + P_s}{273 + t_s} \right) \left[ \frac{M_{sd}(273 + t_r)}{B_a + P_r} \right]^{1/2} (1 - X_{sw}) \qquad (4\text{-}3)$$

式中：$Q_r'$——等速采样流量，即流量传感器的读数，L/min；

$d$——采样嘴直径，mm；

$v_s$——测点排气流速，m/s；

$B_a$——大气压力，Pa；

$P_s$——排气静压，Pa；

$t_s$——排气温度，℃；

$M_{sd}$——干排气分子量，kg/kmol；

$t_r$——流量传感器前温度，℃；

$P_r$——流量传感器前压力，Pa；

$X_{sw}$——排气含湿量，%。

当干排气成分和空气近似时，等速采样流量计算如下式：

$$Q_r' = 0.002\,5d^2 \cdot v_s \left( \frac{B_a + P_s}{273 + t_s} \right) \left( \frac{273 + t_r}{B_a + P_r} \right)^{1/2} (1 - X_{sw}) \tag{4-4}$$

②颗粒物浓度。

颗粒物浓度按下式计算：

$$\rho_i' = \frac{m}{V_{nd}} \times 10^6 \tag{4-3}$$

式中：$\rho_i'$——颗粒物浓度，mg/m³；

　　　$m$——颗粒物质量，g；

　　　$V_{nd}$——标准状态下干排气的采样体积，L。

### 2．扬尘源颗粒物本地化测试

1）扬尘源颗粒物测试方法

（1）排放因子相关参数确定。

①土壤扬尘。

影响土壤扬尘源排放系数的参数主要包括粒度乘数 $k_i$、土壤风蚀指数 $I_{we}$、地面粗糙因子 $f$、无屏蔽宽度因子 $L$、植被覆盖因子 $V$、年平均风速 $u$、年降水量 $p$ 和年平均温度 $T_a$ 等。

粒度乘数 $k_i$ 可以参考《扬尘源颗粒物排放清单编制技术指南（试行）》推荐值，也可使用巴柯粒度仪或动力学粒径谱仪进行实测。

气象参数年平均风速 $u$、年降水量 $p$ 和年平均温度 $T_a$ 等参数通过当地气象部门获得。

土壤风蚀指数 $I_{we}$、地面粗糙因子 $f$、无屏蔽宽度因子 $L$、污染控制技术对扬尘的去除效率 $\eta$ 等参数可以参考《扬尘源颗粒物排放清单编制技术指南（试行）》推荐值，也可以查阅相关文献获得。

②道路扬尘。

影响道路扬尘源排放系数的参数主要包括粒度乘数 $k_i$、道路积尘负荷 sL、平均车流量 $N_R$、平均车重 $W$、污染物控制技术对扬尘的控制效率 $\eta$ 等。

粒度乘数 $k_i$ 可以参考指南推荐值，也可使用巴柯粒度仪或动力学粒径谱仪进行实测。

道路积尘负荷 sL 根据《防治城市扬尘污染技术规范》（HJ/T 393—2007）中道路积尘负荷的采样要求进行，在确认采样安全的情况下，视道路洁净程度，用带状标识物横跨道路标出 0.3～3 m 宽的区域，用真空吸尘器吸扫路面积尘，按照 1 min/m² 的速度均匀清扫，积尘较多路段或采用刷扫方式，样品量不低于 500 g。根据各类型道路样品的采样量、Silt（几何粒径≤74 μm 的颗粒）含量和采样面积，计算得到每个采样点的积尘负荷，进而得到各类型道路的平均积尘负荷。

平均车流量 $N_R$ 可由当地交管部门获得，或使用具有车型识别功能的车辆计数器于道路两旁在一天的全时段内进行车流量统计，也可使用录像设备拍成视频后回实验室计数，最终得到不同等级道路平均车流量。

在获得不同等级道路机动车流量及各车型比例后，乘以相应类型的机动车车重，最终得到不同等级道路平均车重 $W$。

不起尘天数 $n_r$ 通过统计降水造成的路面潮湿的天数得到，在实测过程中存在困难的，可使用一年中降水量大于 0.25 mm/d 的天数表示。

污染物控制技术对扬尘的控制效率 $\eta$ 可以参考《扬尘源颗粒物排放清单编制技术指南（试行）》推荐值，也可以查阅相关文献获得。

③施工扬尘。

影响施工扬尘源排放系数的参数主要包括粒度乘数 $k_i$、施工工地的起尘面积率 $D$、地面 2.5 m 处的风速 $u$、工地表面积尘含水率 $M$、工地路面尘积负荷 sL 和建筑工地每小时运行的机动车数量 $N$、污染物控制技术对扬尘的控制效率 $\eta$ 等。

粒度乘数 $k_i$ 可以参考《扬尘源颗粒物排放清单编制技术指南（试行）》推荐值，也可使用巴柯粒度仪或动力学粒径谱仪进行实测。

施工工地的起尘面积率 $D$ 由实地观测获得。

可以利用便携式风向风速仪现场记录距地面高 2.5 m 处的平均风速 $u$。

建筑工地每小时运行的机动车数量 $N$ 可以采用人工记录的方法得到，一辆卡车进入现场，卸货后再驶出现场，记作一次。

施工工地路面尘积负荷 sL 根据《防治城市扬尘污染技术规范》（HJ/T 393—2007）中道路积尘负荷的采样要求进行，在确认采样安全的情况下，视道路洁净程度，用真空吸尘器吸扫路面积尘，按照 1 min/m² 的速度均匀清扫，样品量不低于 500 g。根据工地路面样品的采样量、Silt（几何粒径≤74 μm 的颗粒）含量和采样面积，计算得到每个采样点的积尘负荷，进而得到工地路面的平均积尘负荷。

将采集到的道路表面积尘取一定量称重，记录初始重量；然后将称量后的物料在 100℃条件下烘 24 h 后进行重量测定，记录烘干处理后的重量；取两次称量的差值，测定施工工地表面积尘含水率 $M$。

污染物控制技术对扬尘的控制效率 $\eta$ 可以参考《扬尘源颗粒物排放清单编制技术指南（试行）》推荐值，也可以查阅相关文献获得。

④堆场扬尘。

影响堆场扬尘源排放系数的参数主要包括粒度乘数 $k_i$、地面平均风速 $u$、物料含水率 $M$、料堆每年受扰动的次数 $n$、阈值摩擦风速 $u_t^*$、地面风速检测高度 $z$、地面粗糙度 $z_0$、污染物控制技术对扬尘的控制效率 $\eta$ 等。

粒度乘数 $k_i$ 可以参考《扬尘源颗粒物排放清单编制技术指南（试行）》推荐值，也可使用巴柯粒度仪或动力学粒径谱仪进行实测。

根据堆场种类不同，参照《土壤环境监测技术规范》（HJ/T 166—2004）或《工业固体废物采样制样技术规范》（HJ/T 20—1998）选取适宜的采样工具，按梅花采样法采集堆场表层（1～2 cm）样品，以四分法混合成整个堆料的综合样品，装袋，每袋样品不少于 500 g。将采集到的不同种类堆场样品取一定量称重，记录初始重量；然后将称量后的物料在 100℃条件下烘 24 h 后进行重量测定，记录烘干处理后的重量；取两次称量的差值，测定不同物料含水率 $M$。物料含水率 $M$ 也可以参考《扬尘源颗粒物排放清单编制技术指南（试行）》推荐值，或查阅相关文献获得。

料堆每年受扰动的次数 $n$ 根据料堆实际作业情况确定，料堆每完全更新一次扰动次数记为 1，对于每日都扰动的表面，$n$ 为每年 365 次；而对于每 6 个月扰动一次的表面，$n$ 为每年 2 次。

气象参数平均风速 $u$、地面风速检测高度 $z$、扰动周期内最大小时风速 $u(z)$ 等通过当地气象部门获得。

阈值摩擦风速 $u_t^*$、地面粗糙度 $z_0$、污染物控制技术对扬尘的控制效率 $\eta$ 等参数可以参考《扬尘源颗粒物排放清单编制技术指南（试行）》推荐值，也可以查阅相关文献获得。

（2）扬尘源样品采集。

①土壤扬尘。

土壤风沙尘主要来源于农田、干河滩、山体等裸露地面，应根据地区特点选取代表性的采样点。在城市东、南、西、北 4 个方向距市区 20 km 左右范围内的郊区，均匀布点，分别采样。布点数量要满足样本容量的基本要求，参照《土壤环境监测技术规范》，一般要求每个方向最少设 3 个点，在主导风向上要加密布点，3～6 个点为宜。每个点使用木铲或竹铲分别采集地表土和地表 20 cm 以下的土样。取样时，若样品量较多，应混合弄碎，在簸箕或塑料布上铺成四方形，用 4 分法对角取 2 份再分，一直分至所需数量。分取到的土壤样品放在洗净的干布袋或纸袋内（新布要先洗净去浆），一袋土样填写两张标签，内外各具，记录采样信息，带回实验室。

②道路扬尘。

道路扬尘源样品的采集参照《防治城市扬尘污染技术规范》（HJ/T 393—2007）附录 B 进行，在确认采样安全的情况下，视道路洁净程度，用带状标识物横跨道路标出 0.3～3 m 宽的区域，用真空吸尘器吸扫路面积尘，按照 1 min/m² 的速度均匀清扫，积尘较多路段或采用刷扫方式，道路尘样品是道路各部位的混合样，样品量不低于 500 g。采样完毕后，将样品装入一个密封袋或容器中，记录采样信息，带回实验室。

③施工扬尘。

施工扬尘源样品采集参照《环境空气颗粒物源解析监测技术方法指南（试行）》，选择当地较大的水泥生产企业，采集不同标号的水泥。另外可选择当地几个典型建筑施工场所，收集散落在施工作业面（如建筑楼层水泥地面、窗台、楼梯、水泥搅拌场地等）上的建筑尘混合样品，每袋样品不少于 500 g，并做好采样记录。

④堆场扬尘。

堆场扬尘源样品采集根据堆场种类不同，参照《土壤环境监测技术规范》（HJ/T 166—2004）或《工业固体废物采样制样技术规范》（HJ/T 20—1998）选取适宜的采样工具，按梅花采样法采集堆场表层（1～2 cm）样品，以四分法混合成整个堆料的综合样品。此外使用塑料铲、毛刷以及专用的真空吸尘采样装置采集不同物料堆场（工业原料堆、建筑原料堆、工业固体废弃物、建筑渣土）、堆场不同操作过程（装卸、风蚀）散落在堆场作业面上的混合样，装袋，每袋样品不少于 500 g，做好采样记录。

（3）扬尘源样品再悬浮。

将采集到的各类扬尘源样品（土壤、道路、施工、堆场）在实验室自然晾干，经 150 目的尼龙过筛，利用颗粒物再悬浮采样器，通过送样系统将已干燥、筛分好的粉末样品送至再悬浮箱中使颗粒再次悬浮起来，然后利用分级采样器将样品中的颗粒物分别采集到经称重后的 47 mm 的聚丙烯和石英滤膜上，用于分析化学组成，实验设备如图 4.12 所示。

图 4.12　颗粒物再悬浮采样器

（4）扬尘源样品化学组成分析。

将采集到滤膜上的各类扬尘源样品经称重后进行三类分析即元素分析、离子分析和碳分析。元素分析采用电感耦合等离子体原子发射光谱法，离子分析采用离子色谱法，碳分析采用热光透射法。分析设备如图 4.13～图 4.15 所示。

图 4.13    ICP 9000（N+M）型等离子体原子发射光谱仪

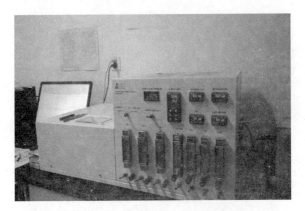

图 4.14    DRI2001A 型碳分析仪

图 4.15    DX-120 IC 型离子色谱仪

（5）扬尘源化学成分谱构建。

通过等权平均的方法分别建立土壤扬尘、道路扬尘、施工扬尘和堆场扬尘的源成分谱。

2）扬尘源颗粒物测试案例

通过等权平均的方法分别建立土壤扬尘、道路扬尘、施工扬尘和堆场扬尘的源成分谱，具体见图 4.16～图 4.19。

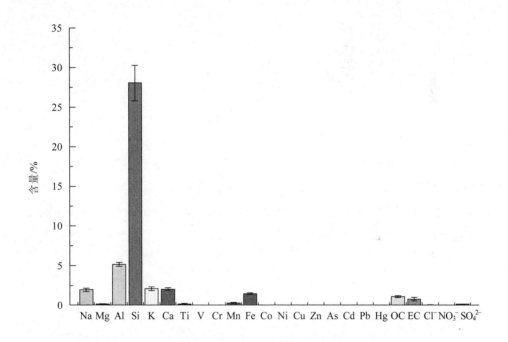

**图 4.16　土壤扬尘源化学成分谱**

由图 4.16 可知，土壤扬尘源中 Si 含量最高，为 28.0%，其次为 Al、K、Ca、Na、Fe、OC，含量在 1%～10% 之间，EC、Mn、Ti、Mg、$SO_4^{2-}$ 在 0.1%～1% 之间，$Cl^-$、$NO_3^-$、Cr、Pb、Zn、Cu、Ni、V、Mn、Co、Hg 和 As 含量在 0.1% 以下。其中，土壤扬尘源样品的元素和为 41.3%，总碳为 1.8%，离子和为 0.2%。

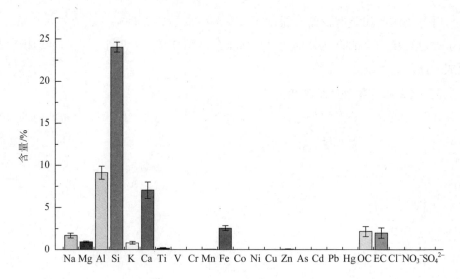

图 4.17　道路扬尘源化学成分谱

　　由图 4.17 可知，道路扬尘源中 Si 含量最高，为 24.0%，其次为 Al、Ca、Fe、OC、EC、Na，含量在 1%~10%之间，Mg、K、Ti 在 0.1%~1%之间，Zn、Mn、Cu、Cr、Pb、Ni、V、$SO_4^{2-}$、Co、As、$Cl^-$、Cd、$NO_3^-$、Hg 含量在 0.1%以下。施工扬尘源样品的元素和为 46.4%，总碳为 4.1%。

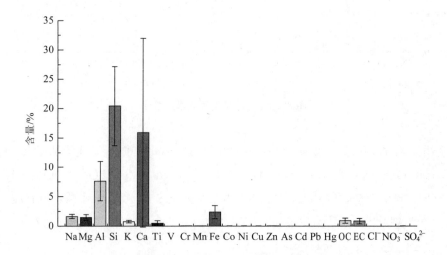

图 4.18　施工扬尘源化学成分谱

由图 4.18 可知，施工扬尘源中 Si 含量最高，为 20.4%，其次为 Ca，含量为 15.9%，Al、Fe、Na、Mg 含量在 1%～10%之间，OC、EC、K、Ti 在 0.1%～1% 之间，Mn、Cr、Zn、Cu、Ni、V、Co、$SO_4^{2-}$、Pb、As、Cd、Hg、$NO_3^-$、$Cl^-$含量在 0.1%以下。施工扬尘源样品的元素和为 50.7%，总碳为 1.7%。

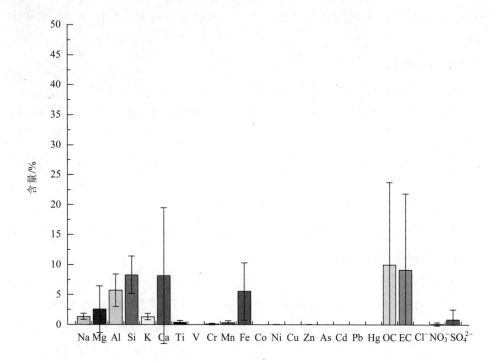

图 4.19　堆场扬尘源化学成分谱

由图 4.19 可知，堆场扬尘源中 OC 含量最高，为 10.0%，其次为 EC、Si、Ca、Al、Fe、Mg、Na、K，含量在 1%～10%之间，$SO_4^{2-}$、Ti、Mn、$NO_3^-$ 在 0.1%～1%之间，Cr、Zn、Ni、Cu、Pb、V、As、Co、Cd、Hg、$Cl^-$含量在 0.1%以下。堆场扬尘源样品的元素和为 33.7%，总碳为 19.1%，离子和为 0.9%。

### 3. 机动车尾气颗粒物本地化测试

1）机动车排放颗粒物源样品采集方法

国内外机动车尾气成分谱的建立方法主要有直接采样和源主导采样（隧道、

停车场、路边等）两种方法。直接采样法的优点是操作快速，简便易行，数据比较准确，缺点是选择的车辆可能不具代表性，机动车尾气管排出的尾气较热，如不进行稀释冷却，不能代表挥发性物质排放进入大气后的环境状态。而源主导采样相对直接采样法更能代表机动车行驶过程的真实情况，缺点是易受到道路尘的影响。目前，国内常采用以下三种方法：台架试验、隧道试验和道路随车采样试验。

（1）台架试验。

发动机台架实验是通过研究工况对不同燃油类型发动机排放颗粒物上化学组分的影响，获得不同工况下不同车型发动机排放颗粒物上载带的各化学组分成分谱。

早期开展台架试验大多采用直接采样方法，将装有滤膜的采样器固定在机动车排气管上，直接收集机动车尾气。但是机动车尾气处于较高温度时采集的样品，一些挥发性有机物及其他二次粒子的前体物还处于气态，这样就会产生较大的误差。因此，目前进行台架试验样品收集时会增加稀释通道采样系统（也有人将该方法命名为稀释通道采样方法）。

稀释通道采样方法的原理是将高温烟气/机动车尾气在稀释通道内用洁净空气进行稀释，并冷却至大气环境温度，稀释冷却后的混合气体进入稀释舱，停留一段时间后的颗粒物被采样器按一定粒度捕集。该方法模拟烟气/机动车尾气排放到大气中几秒到几分钟内的稀释、冷却、凝结等过程，捕集的颗粒物可近似认为是燃烧源排放的一次颗粒物，包括一次固态颗粒物和一次凝结颗粒物。稀释采样由于消除了烟气/机动车尾气温度高、湿度大、颗粒物浓度高和其他气体的影响，使得燃烧源采样方法得以简化，同时扩大了滤膜的使用范围，Nylon 和 Teflon 滤膜也可以应用，也简化和扩大了化学物种的测量范围。

稀释采样系统的优点是：可测试各种不同型号和不同工况下发动机的运转情况，且经过稀释、降温过程更能代表环境中的状况。其缺点是：所采集的气体并未与环境中的气体有充分的接触，稀释采样时间较短，有些化学反应还未进行，试验设备及运行费用非常昂贵。

（2）隧道试验。

隧道试验属于源主导采样方法，是在控制的环境条件下接近真实的采样，来自不同车辆的尾气已经混合反应，能体现整个移动源排放后的复合作用，可直接获得机动车颗粒物排放源的数据，比实验室的"随机"选择更接近真实情况，更具有代表性。缺点是：隧道采样方法建立的成分谱容易受到道路尘的影响，另外隧道中的车辆一般是高速行驶状态，有可能与移动源的实际情况存在一定的差异。

图 4.20 是隧道采样实验示意图。在具有代表性的隧道出、入口向内 25 m 处放置颗粒物采样器，同时，采用道路交通调查仪或摄像机、激光枪、风向风速仪和温湿度计等监测机动车种类、数量、车速、风速风向和温湿度。机动车的类型、流量、车速数据采集频率为 1 次/min。建议采集天数在 4 d 及以上，包括工作日与非工作日。此外，也可以根据需要分不同时段（例如高峰期和平峰期）进行颗粒物样品采集。

在隧道出、入口约 25 m 处放置大气颗粒物采样器（如图 4.21、图 4.22 所示）收集颗粒物样品用于组分分析，采用静电低压冲击器 ELPI 对颗粒物浓度进行实时监测，并采用交通调查仪和气象站等对隧道内的交通流信息及风向、风速进行数据采集。

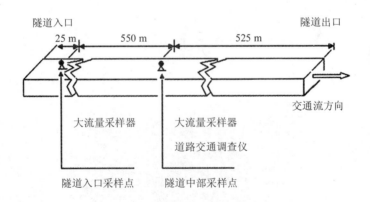

**图 4.20　隧道采样实验示意图**

图 4.21　隧道采样实验部分示意图

图 4.22　颗粒物采样器

（3）道路随车采样试验。

由于发动机台架实验仅能获得固定工况下的机动车尾气排放颗粒物组成，不能反映机动车在真实路况上行驶时的排放特征，隧道采样试验也易受道路尘的影响，因此有研究人员设计了机动车尾气随车采样实验。针对不同类型的机动车采用稀释采样器和便携式机动车尾气采样器对卡车、客车、出租车等不同类型的机动车排放颗粒物的组成进行了研究。

通过道路随车采样，可获得机动车在真实路况上行驶时排放 $PM_{10}/PM_{2.5}$ 载带无机组分和 PAHs 含量、成分谱组成和有害组分排放因子，并比较不同类型、不同运行时段、不同负载、不同燃料类型的机动车排放颗粒物上化学组分的差异。

图 4.23 是进行道路随车试验采样设备安装示意图。主要仪器有：稀释器、空压机、车载尾气分析系统 SEMTECH-DS、静电低压冲击器 ELPI 和 GPS 等。目前已完成 3 辆轻型卡车测试，后面还要对其他不同类型的机动车进行测试。

图 4.23　道路随车采样设备安装示意图

2）机动车排放颗粒物源样品分析方法

机动车排放颗粒物的源样品主要进行三类化学组成的分析：无机元素、水溶性离子和总碳。由于样品化学组成的含量范围很宽，从 $1×10^{-6}$ 到 100%，有些成分的含量甚至在 $10^{-9}$ 数量级。因此选择灵敏度高、准确度好、前处理操作简便且分析范围广的方法是至关重要的。

（1）无机元素分析方法。

使用美国 Agilent 公司的 Agilent 7500a 型电感耦合等离子体质谱仪（ICP-MS）和电感耦合等离子光谱法（ICP-OES）分析了样品中的 15 种元素。其中，K、Na、Ba、Cu、Zn、Mn、Ni、Cr、Pb 采用 ICP-MS 进行分析，Si、Al、Ca、Mg、Fe、Ti 采用 ICP-OES 进行分析。

ICP-MS 的基本原理是：滤膜用热酸提取，利用雾化器将待分析样品溶液先经雾化处理后，通过载气，将所形成含待测分析元素的气溶胶输送至等离子炬管中，样品受热后，经由一系列去溶剂、分解、原子化/离子化等反应，待分析元素形成单价正离子，透过真空界面传输进入质谱仪，再用四极杆质量分析器将各特定质荷比分离，以电子倍增器加以检测，来进行元素的定性及定量测定工作。其样品的前处理如下：戴聚乙烯手套或用塑胶镊子，将待测样品放入 100 mL 带盖的聚四氟乙烯烧杯中。使用经校正的移液管，加入 5 mL 萃取溶液（pH=5.6），用塑料滴管加一滴 HF（pH =5.3），确认萃取溶液体积足以覆盖全部样品，盖好上盖，于 220℃在控温电热板上加热回流 2.5 h，然后取下盖子蒸干，关掉电热板，利用余温，用稀盐酸（pH =5.4）5 mL 浸取，移入 10 mL 塑料比色管中，以纯水稀释至标线并摇匀。

ICP-OES 的基本原理是：滤膜低温碳化、灰化后，于镍坩埚中用氢氧化钠熔融，水提取、酸化，利用雾化器将待分析样品溶液先经雾化处理后，通过载气，将所形成含待测分析元素的气溶胶输送至等离子炬管中，温度可以达到 6 000～8 000 K，样品分子几乎完全解离，ICP 发出的光通过入射狭缝、准直、分光后，被检测器加以检测，来进行元素的定性及定量工作。用 ICP-OES 法处理样品前需要将待测样品进行熔融处理。将待测样品放入镍坩埚中，放入马弗炉中，低温升至 300℃，恒温 40 min，逐渐升温至 530～550℃灰化，直至灰化完全。取出已灰化好的样品，冷却，加入几滴无水乙醇润湿，加入 0.2 g 固体氢氧化钠，放入马弗炉中 500℃熔融 10 min，取出冷却，加热水在电热板上煮沸提取，移入预先盛有 2 mL 盐酸（2+1）溶液的塑料管中，用 2%的盐酸溶液冲洗坩埚，以水稀释至 10 mL，摇匀。

质量控制如下：

①方法空白样品分析：主要在于确认待分析样品是否在样品分析过程中遭受污染。每 10 个或每批次样品至少执行 1 个方法空白分析。空白分析值可接受标准须低于二倍方法检出限。

②标准样品分析：每 10 个或每批次样品至少执行 1 个标准样品分析，并求其回收率。回收率应在 80%～120%范围内。

③重复样品分析：每 10 个或每批次样品至少执行 1 个重复样品分析，并求其相对差异百分比。相对误差小于 20%。

④现场空白样品分析：每批次采样需制备 1 个现场空白样品，检测值必须低于检出限的 2 倍。

（2）离子分析方法。

使用 DX-120 型离子色谱仪对样品中的 $K^+$、$Na^+$、$NH_4^+$、$Mg^{2+}$、$Ca^{2+}$、$F^-$、$Cl^-$、$NO_2^-$、$NO_3^-$ 和 $SO_4^{2-}$ 10 种离子进行定量分析。分离柱为 AS4A-SC，淋洗液用 0.018 mmol $Na_2CO_3$+0.017 mmol $NaHCO_3$ 的混合溶液。其样品的前处理过程是：离子色谱常用的样品前处理方法是用水和淋洗液直接浸提，为了提高固体样品中离子溶解速度，采用在超声波下提取的方法。称取粉末样品适量（0.100～0.200 g），膜样品用 1/8 或 1/4 滤膜样品，将样品浸泡在 5.00 mL 去离子水中，摇匀，置于超声波浴下提取 10 min，然后静置，取上层清液用于离子色谱分析。

（3）碳分析方法。

碳分析的方法主要包括热法、光法和热光法。当前国际上公认较成熟的 OC、EC 分析方法是热光分析法。热光碳分析的原理是依据 OC 与 EC 在不同温度下的优先氧化顺序将其分离。OC 在非氧化环境、较低温度下加热就可以从样品中挥发，而 EC 在高温氧化环境下才会燃烧。具体分析过程为，先在无氧的纯氦环境下逐级升温，其间挥发出的碳为 OC（还有一部分被炭化），然后在 $He/O_2$ 载气下逐级升温，此间认为 EC 被氧化分解并逸出。上述各个温度梯度下产生的 $CO_2$，经氧化炉（$MnO_2$）催化，于还原环境下转化为可通过火焰离子化检测器（FID）检测的甲烷（$CH_4$）。样品在无氧加热过程中，部分 OC 会发生炭化现象而形成 EC。整个过程都有一束激光打在石英膜上，其反射光（或透射光）在 OC 炭化时会减弱。随着 He 切换成 $He/O_2$，同时温度升高，EC 会被氧化分解，激光束的透射光

（或反射光）的光强就会逐渐增强。当恢复到最初的透射（或反射）光强时，这一时刻就认为是 OC、EC 分割点，此时刻之前检出的碳都认为是 OC，之后检出的碳都认为是 EC。

采用热光分析法分析颗粒物样品中的碳组分。根据美国 IMPROVE 热光反射碳（TOR）分析协议，碳分析过程中共经历 7 步升温程序，分别为 140℃（OC1）、280℃（OC2）、480℃（OC3）、580℃（OC4）、转换载气、580℃（EC1）、740℃（EC2）和 840℃（EC3），因此当一个样品完成测试时，将给出 4 个 OC（OC1、OC2、OC3、OC4）和 3 个 EC（EC1、EC2、EC3）以及裂解碳 OPC 的浓度，IMPROVE 协议将 OC 定义为 OC1+OC2 +OC3 +OC4+OPC，将 EC 定义为 EC1+EC2+EC3-OPC。其最低检测限：OC 0.45 $\mu g/cm^2$；EC 0.06 $\mu g/cm^2$；TC 0.45 $\mu g/cm^2$，测量范围：0.05～750 $\mu g/cm^2$。对于均匀分布的滤膜样品，TC 测量的精密度通常优于 10%，对于非均匀分布的滤膜样品，重复分析的偏差会达到 30%，碳酸盐分析的精密度约为 10%。

## 4.3.2　VOCs 排放因子与化学成分谱本地化

### 1. 固定源 VOCs 本地化测试

1）样品采集方法

（1）吸附管吸附-热脱附法。

固定源 VOCs 参数的本化测试，主要针对固定燃烧源和工业过程源。本节所用监测方法为吸附管吸附-热脱附/气相色谱-质谱法，使用无油采样器采集废气，使废气通过装有一种或多种固体吸附剂的吸附管（采样管），然后将吸附管放入加热器中迅速加热，待测物质从吸附剂上被脱附后，由载气带入气相色谱的毛细柱中，经色谱分离后由质谱进行挥发性有机物（VOCs）的定性定量分析。

①采样设备的准备与安装。

采样管：带加热套管的采样管，内壁材质为不锈钢。使用前清洗采样管内部，干燥后使用。且需为采样更换滤料，填充 20～40 mm 长度的无碱玻璃棉。

老化好的吸附管：EPA TO-17 组合 3 吸附管（图 4.24），即 13 mm Carbopack™ C 60/80、25 mm Carbopack™ B 60/80、13 mm Carbosieve™ SⅢ60/80（Total mass of sorbents：6 505 mg）。新填装的吸附管应用老化装置或具有老化功能的热脱附仪老化，老化流量为 100 mL/min，老化温度为 350℃，时间为 2 h 以上；使用过的采样管应在上述温度下老化 30 min。老化后的采样管两端立即用密封帽密封，放在密封袋或保护管中保存。密封袋或保护管存放于装有活性炭的盒子或干燥器中，4℃保存。老化后的采样管应在一周内使用。

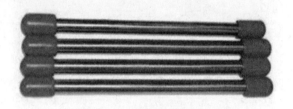

**图 4.24　EPA TO-17 组合 3 吸附管**

连接管：聚四氟乙烯（PTFE）树脂管。

样品采集装置：无油采样泵，采样流量 20～200 mL/min。经计量部门检定合格，测试前进行校准和气密性检验。

快速接头：不锈钢材质的快速接头，阳头和阴头连接后气路接通，断开后两端都自动密封。

伴热带：用于连接管路的保温。

三通阀：玻璃材质三通阀。

真空压力表：经计量部门检定合格，测试前进行校准和气密性检验。

水分收集器：冰浴的小型撞击式水分收集器。

固定源 VOCs 采样采用带加热套管的采样管，采样管插入烟道近中心位置，进口与排气流动方向成直角。如使用入口装有斜切口套管的采样管，其斜切口应背向气流。采样管固定在采样孔上，应不漏气。

如图 4.25 所示，用聚四氟乙烯（PTFE）树脂管和快速接头将采样管、提前老化好的吸附管、流量计和采样泵连接，连接管应尽可能短。吸附管和旁路连接管在入口处，用玻璃三通阀连接。吸附管应尽量靠近采样管出口处，采样管出口至吸附管之间连接管要用伴热带保温，当管线长时，须采取加热保温措施。

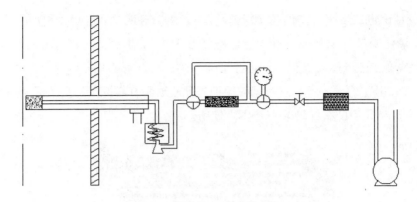

图 4.25　吸附管采样装置连接示意图

由于湿度对 VOCs 吸附剂性能有影响，如烟气中水分含量体积百分数大于 3%，应在吸附管前加一个冰浴的小型撞击式水分收集器，除去烟气中的水分，水分收集器收集的水应同时分析。

②采样操作。

漏气试验：关上采样管出口三通阀，打开抽气泵抽气，使真空压力表负压上升到 13 kPa，关闭抽气泵一侧阀门，如压力计压力在 1 min 内下降不超过 0.15 kPa，则视为系统不漏气。如发现漏气，要重新检查、安装，再次检漏，确认系统不漏气后方可采样。

打开采样管加热电源，将采样管加热到所需温度。置换吸附管前采样管路内的空气。正式采样前，令排气通过旁路采样 5 min，将吸附管前管路内的空气置换干净。接通采样管路，调节采样流量至所需流量进行采样，采样期间应保持流量恒定，波动应不大于±10%。

根据污染物浓度确定采样时间，在安全体积范围内采样。采样结束，切断采样管至吸附管之间气路，防止烟道负压将空气抽入采样管路，并立即用密封帽将吸附管两端密封。

现场空白样品的采集。将老化后的采样管运输到采样现场，取下密封帽后立即重新密封，不参与样品采集，并同已采集样品的采样管一同存放。每次采集样品，都应采集至少一个现场空白样品。

样品贮存。采集的样品注明样品号，4℃避光保存，7 d 内分析。

按照《固定源废气监测技术规范》（HJ/T 397—2007）测定排气温度、排气中水分含量及排气流速等相关参数。

③样品前处理。

热脱附装置：能对采样管进行二级热脱附，并将脱附气用载气载带进入气相色谱，脱附温度、脱附时间及流速可调，冷阱能实现快速升温。二级热脱附用于高选择性毛细管气相色谱，由吸附管脱附出来的分析物在迅速进入毛细管气相色谱柱之前应重新富集。可选择冷阱浓缩设备。冷阱一般采用半导体制冷。参数设置如下：

采样管脱附温度：260℃；

采样管脱附时间：11 min；

阀温度：200℃；

冷阱低脱附温度：5℃；

冷阱高脱附温度：280℃；

冷阱脱附时间：3 min；

传输线温度：250℃。

（2）气袋采集法。

①采样设备的准备与安装。

采样管：带加热套管的采样管，内壁材质为不锈钢。使用前清洗采样管内部，干燥后使用。且需为采样管更换滤料，填充 20～40 mm 长度的无碱玻璃棉。

采样气袋：采样容积为 2 L 的聚氟乙烯（PVF）材质的薄膜气袋，有可接上采样外管的聚四氟乙烯（PTFE）材质的接头，该接头同时也是一个可开启和关闭、使气袋内与外界空气连通和隔绝的阀门装置。

真空箱气体采样器：不吸附 VOCs，采样流量 20～200 mL/min，测试前进行校准和气密性检验。

连接管：聚四氟乙烯（PTFE）树脂管。

快速接头：不锈钢材质的快速接头，阳头和阴头连接后气路接通，断开后两端都自动密封。

伴热带：用于连接管路的保温。

调节阀：用于控制和开关采样气流。

真空压力表：经计量部门检定合格，测试前进行校准和气密性检验。

固定源 VOCs 采样采用带加热套管的采样管，采样管插入烟道近中心位置，进口与排气流动方向成直角。如使用入口装有斜切口套管的采样管，其斜切口应背向气流。采样管固定在采样孔上，应不漏气。

如图 4.26 所示，用聚四氟乙烯（PTFE）树脂管和快速接头将采样管、流量计、调节阀及采样泵连接，暂不连接采样袋，接管应尽可能短。采样管出口至气袋之间连接管要用伴热带保温，当管线长时，须采取加热保温措施。

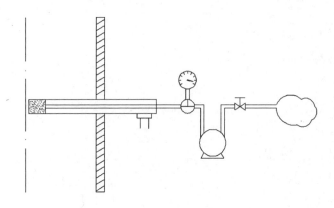

图 4.26　气袋采样装置连接示意图

②采样操作。

漏气试验：关上采样管出口调节阀，打开抽气泵抽气，使真空压力表负压上升到 13 kPa，关闭抽气泵一侧阀门，如压力计压力在 1 min 内下降不超过 0.15 kPa，则视为系统不漏气。如发现漏气，要重新检查、安装，再次检漏，确认系统不漏气后方可采样。

打开采样管加热电源，将采样管加热到所需温度。置换采样管路内的空气。正式采样前，令排气通过采样管路采样 5 min，将吸附管前管路内的空气置换干净，按图 4.26 中所示，将气袋连接到管路。接通采样管路，调节采样流量至 50 mL/min 进行采样，采样期间应保持流量恒定，波动应不大于±10%。采样时间。观察气袋，当气袋内采样体积达到气袋最大容积的 80%左右，采样结束，关闭抽气泵，同时记录采样时间。

采样结束，关闭气袋上的阀门，取下气袋。将同批的气袋运输到采样现场，不参与样品采集，并同已采集样品的气袋一同存放。带回分析室充入同体积高纯氮气。每次采集样品，都应采集至少一个现场空白样品。样品贮存。采集的样品注明样品号，迅速放入避光保温的容器内，直至运输到实验室，在样品分析前取出。按照《固定源废气监测技术规范》（HJ/T 397—2007）测定排气温度、排气中水分含量及排气流速。

③样品前处理。

三级冷阱气体预冷浓缩装置：第一级冷阱中经液氮低温（−150℃）冷冻浓缩，第二级冷阱去除样品中的水蒸气和大部分二氧化碳，第三级冷阱冷聚焦功能，可有效减少极易挥发目标物损失，改善色谱峰形，提高灵敏度。气体预冷浓缩装置与气相色谱-质谱联用仪连接管路均使用惰性化材质，并至少能在 50～150℃范围加热。气体预冷浓缩装置并具有自动定量取样及自动添加标准气体、内标功能。

气体预冷浓缩装置取样体积 400 mL。

一级冷阱：捕集阱温度：−150℃；预热温度：20℃；解析温度：20℃；烘烤温度：130℃；烘烤时间：5 min。

二级冷阱：捕集阱温度：−50℃；解析温度：180℃；解析时间：3 min；烘烤温度：190℃。

三级聚焦：捕集阱温度：−160℃；进样时间：8 min；烘烤时间：3 min。

传输线温度：150℃。

2）实验室分析

（1）仪器设备。

毛细管气相色谱/质谱联用仪：系统应保证样品的完整性。系统包括二级脱附装置、热脱附-毛细管气相色谱传输线、毛细管气相色谱/质谱联用仪等。采样管在进行热脱附前应完全密封。样品气路应均匀加热。使用接近环境温度的载气吹扫系统去除氧气。

色谱柱：HP-VOC（60 m×0.2 mm×1.12 μm）。

毛细管柱气相色谱仪参数设置如下。进样方式：分流进样，分流比 50∶1；程序升温设定：45℃（2 min）以 4℃/min 速度升至 120℃，以 8℃/min 速度升至 210℃（5 min）；柱流量：1.0 mL/min。

质谱仪参数设置如下。全扫描模式：质量范围 33～300 u；离子源：电子能量为 70 eV，温度 230℃；四极杆温度：150℃。

（2）样品分析。

将样品管同校准曲线绘制加入 50 ng 内标物，按照与采样流量相反的方向连接入热脱附仪，调整分析条件，目标组分脱附后，经气相色谱仪分离，由质谱仪检测。

定性分析：全扫描质谱图可以通过计算机检索对未知化合物和已知化合物进行定性分析。

定量分析：根据内标校准曲线法（线性相关系数一般应达到 0.995）或曲线各点的相对校正因子均值（样本相对标准偏差 RSD≤30%，个别化合物可以≤40%；相对响应因子≥0.010）计算目标组分的含量。

3）数据处理

（1）排气中 VOCs 浓度的计算。

$$C' = \frac{\sum\limits_{i=1}^{n} m_i}{V_{nd}} \qquad (4\text{-}6)$$

式中：$C$——气体中 VOCs 分析物质的浓度，$mg/m^3$；

$\quad$ $m_i$——样品中第 $i$ 种分析物质的含量，ng；

$\quad$ $V_{nd}$——标准状态下（0℃，101.325 kPa）干采气体积，mL。按 HJ/T 397—2007 中式（12）计算，即

$$V_{nd} = 0.05 Q_r' \sqrt{\frac{B_a + P_r}{273 + t_r}} \cdot t \qquad (4\text{-}7)$$

式中：$Q_r'$ —— 采样流量，mL/min；

$\quad$ $B_a$—— 大气压力，Pa；

$\quad$ $P_r$—— 转子流量计前气体压力，Pa；

$\quad$ $t_r$—— 转子流量计前气体温度，℃；

$\quad$ $t$ —— 采样时间，min；

（2）VOCs 排放速率的计算。

$$G = \overline{C'} \times Q_{sn} \times 10^{-6} \qquad (4\text{-}8)$$

式中：$G$——VOCs 排放速率，kg/h。

$Q_{sn}$——标准状态下干排气量，$m^3$/h，按 HJ/T 397—2007 中式（25）计算。

$\overline{C'}$——VOCs 实测排放浓度，$mg/m^3$，按 HJ/T 397—2007 中式（18）计算，即

$$\overline{C'} = \frac{\sum_{i=1}^{n} C'}{n} \tag{4-9}$$

式中：$C'$——污染物质量体积比浓度，$mg/m^3$；

$n$——采集的样品数。

（3）VOCs 排放因子的计算。

$$EF = \frac{\overline{G} \times t}{A} \tag{4-10}$$

式中：EF——VOCs 排放因子，kg/t；

$\overline{G}$——VOCs 平均排放速率，kg/h；

$t$——年运行小时数，h；

$A$——活动水平数据，t。

（4）VOCs 成分特征谱的转换。

按照分子结构归纳的碳键机理（Carbon Bond Mechanism，CMB）是目前空气质量模拟最常用的化学机理之一，2005 年 EPA 发布了最新的 CMB 化学机理 CB05，基于监测计算结果，根据 CB05 化学机制下化学物种转换关系进行转换。转换公式如下：

$$\begin{bmatrix} NASN \\ PAR \\ OLE \\ TOL \\ XYL \\ \cdots \end{bmatrix} = \begin{bmatrix} NASN_1 & NASN_2 & NASN_3 & NASN_4 & NASN_5 \cdots \\ PAR_1 & PAR_2 & PAR_3 & PAR_4 & PAR_5 \cdots \\ OLE_1 & OLE_2 & OLE_3 & OLE_4 & OLE_5 \cdots \\ TOL_1 & TOL_2 & TOL_3 & TOL_4 & TOL_5 \cdots \\ XYL_1 & XYL_2 & XYL_3 & XYL_4 & XYL_5 \cdots \\ & & \cdots & & \end{bmatrix} \cdot \begin{bmatrix} 物质1 \\ 物质2 \\ 物质3 \\ 物质4 \\ 物质5 \\ \cdots \end{bmatrix} \tag{4-11}$$

4）固定源 VOCs 测试案例

图 4.27 为石化行业 VOCs 化学成分谱，由图可得在硫黄回收工艺尾气 VOCs 成分特征谱中，三氯甲烷所占的比例最大，达到了 60%以上，其次为二氯甲烷，

两者之和占到了物质质量的 3/4 以上。其他化合物所占比例均在 10%以下,经尾气焚烧处理后,VOCs 物种比较集中;在 PX 工艺加热炉烟气 VOCs 成分特征谱中,二氯甲烷所占的比例最大,达到了 50%以上,其次为三氯甲烷、苯、甲苯等,以上前四种物质比例总和超出 90%,其他 10 余种化合物比例仅占 10%以下,燃烧烟气中 VOCs 物种比较集中;在污水处理厂处理设施尾气 VOCs 成分特征谱中,各物种所占比例相对比较分散,占比在 10%以上的物质包括对(间)二甲苯、十一烷、苯甲醛、对二氯苯、环己酮 5 种物质,其比例总和仅占到了不到 70%。污水处理设施废气由溶解于水中的 VOCs 经处理后排放,由于 VOCs 污染物在水中浓度比较均匀,使其排放组分分布较为分散;在厂界无组织 VOCs 成分特征谱中,甲苯、苯占有较大的比例,两者物质比例之和占到了 60%以上,三苯(苯、甲苯、乙苯)为石化行业中最普遍使用的基础原料和产品,故在环境中有较大检出比例。

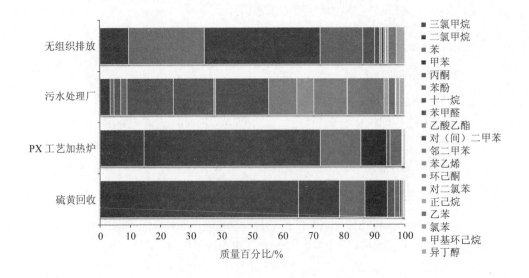

图 4.27 石化行业 VOCs 本地化成分特征谱

## 2. 机动车 VOCs 本地化测试

随着城市发展和城市化进程的加快,城市环境空气中挥发性有机污染物的组成越来越复杂,浓度亦大幅度上升。而许多 VOCs 成分被认可或怀疑对人体有毒有害，且多数 VOCs 化合物具有大气化学反应活泼性，是二次颗粒物形成的重要前体物。城市空气中挥发性有机物有许多来源，其中机动车排放是主要的 VOCs 人为排放源。因此，构建机动车排放挥发性有机物（VOCs）成分谱具有重要实际意义。但是关于机动车排放 VOCs 特征成分谱的建立及其排放因子的确定一直是个难题。目前，一般是应用大气采样罐采样技术和色谱-质谱联用（GC-MS）技术对机动车排放的 VOCs 的组分及其质量浓度水平进行测试，从而建立机动车排放 VOCs 成分谱。

1）机动车排放 VOCs 源样品采集

机动车排放 VOCs 源样品采集方法主要有以下两种。

（1）直排采样法。选取不同的汽油车、柴油车和液化石油气（LPG）车作为试验车辆，采集样品的可根据不同车型（包括摩托车、出租车、大客车、轻型卡车、小轿车和公交车）、新车和在用车及车况为怠速状况（包括冷启动和热启动）进行采集，尾气采集仪器为烟气分析仪和采样罐（如图 4.28 所示），将清洗干净并抽成真空的采样罐放置在平稳的地面，将限流阀、不锈钢过滤头和采样管连接到采样罐进口采集汽车尾管末端排放出来的尾气样品。采样流量可为 60 mL/min，采集时间一般为 15～30 min。

图 4.28　VOCs 采样罐

（2）隧道实验法。选取具有代表性的隧道，在隧道两端内部同侧距隧道口 10 m 处，将清洗干净并抽成真空的采样罐放置在平稳的地面，调节限流阀，在隧道内出、入口收集 VOCs 样品，采样流量为 30 mL/min，每次采样时间为 3 h。并进行测试隧道内出、入口 VOCs 组分含量及浓度。按瞬间采样方法，每 2 h 采集 1 次 VOCs 样品，连续采集 4 d，包含工作日与非工作日。同时，采用道路交通调查仪或摄像机、激光枪、风向风速仪和温湿度计等监测机动车种类、数量、车速、风速风向和温湿度。机动车的类型、流量、车速数据采集频率为 1 次/min。

2）机动车排放 VOCs 源样品分析方法

所有 VOCs 样品采集完毕应立即送回实验室进行分析。采用预浓缩-GC-FID/MS 联用技术分析气体样品中 VOCs 的组成和含量。

预处理分析：将采样罐连接预处理浓缩仪 Entech 7100 进样通道，内标罐连接内标进样通道，依次进行固体多孔吸附浓缩、Tenax 管吸附、小容积多孔吸附玻璃管聚焦共 3 级单元的处理，先后进行样品脱水、脱 $CO_2$ 和聚焦等前处理。

气相色谱和质谱分析条件：采用 HP-5（PHME，胶联质量分数为 5% 的苯基甲基硅烷）60 m×0.32 mm×1.0 μm 的毛细细管色谱柱。采用三级程序升温，具体如下：初始化炉温–55℃保留 5 min，以 45℃/min 升温至 35℃，以 8℃/min 升温至 155℃，以 9℃/min 升温至 200℃，并继续保留 5 min，全过程运行时间为 32 min。柱流量恒定为 0.85 mL/min。电子能量为 70 eV，电子倍增器电压 2 118 V。二级扫描程序：0～8 min。$m/z$ 扫描范围为 20～60 u；8～32 min。$m/z$ 扫描范围为 35～200 u，每个峰扫描频率为 20 次/s。GC-MS 接口温度为 280℃，载气为氦气。

# 第5章 城市高分辨率大气污染源排放清单平台开发及应用

## 5.1 平台框架体系构建

基于前期工作建立"城市大气污染源排放清单综合信息动态更新平台",以污染源排放清单(统计、核算、展示)为核心,集污染物排放特征分析、控制措施效果评估、空气污染预警预报、污染源信息动态更新等功能于一体的大气污染源管理平台,其架构图如图 5.1 所示。它将污染源排放监控系统整合,结合地理信息系统(GIS)提供的空间数据分析及空间对象模拟等手段,将各类污染源排放水平以不同尺度的网格、区域等形式渲染表现,给出各种减排措施实施后的环境效果定量评估结果,并为环境空气质量模型预留数据接口,为源解析技术提供源成分谱,为制定重污染天气应急预案提供关键基础信息。具体功能和突出特点包括:

(1)结合 GIS 提供的空间分析及模拟手段,平台可为城市污染源排放清单的展示提供易操作、可视化、友好的人机交互界面;

(2)提供详细的城市主要大气污染源动态排放信息,包括固定燃烧源、工业过程源、溶剂使用源、道路移动源、非道路移动源、扬尘源、农牧源、存储与运输源、生物质燃烧源、天然源、废弃物处理源及其他排放源 12 个排放源的基本情况、排放特征、排放规律、排放水平及各类源的排放分担率等;

(3)基于主要源类及主要污染物的时间和空间分布特征表征;

(4)具有动态更新功能,在实施重大大气污染防治措施后及时更新排放清单,可为评估污染治理措施的有效性提供基础数据支持;

（5）为大气复合型污染条件下的精细化环境管理、总量控制以及相关空气质量预测预警模型提供基础排放清单信息，为大气污染应急预案的制定提供关键基础信息。

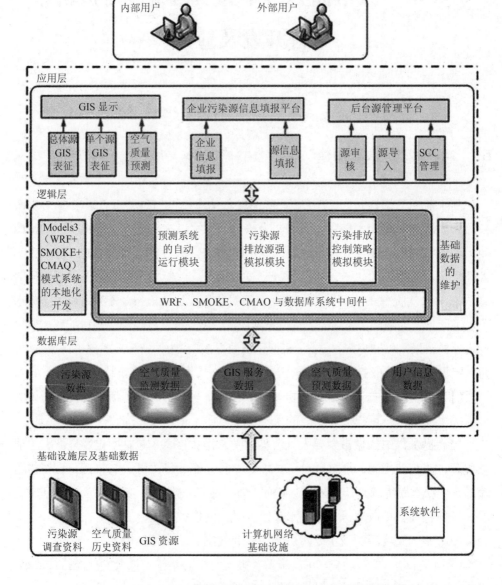

图 5.1　城市大气污染源排放清单综合信息动态更新平台架构图

## 5.2 平台模块介绍

平台主要包括以下部分：大气污染源综合管理平台、Model3/CMAQ 模式环境系统、动态模式化排放清单处理系统、空气质量控制辅助决策支持系统、基于 WebGIS 平台的污染物排放特征表征系统。

### 5.2.1 大气污染源综合管理平台

具有数据收集、管理、存储、审核、统计、分析、发布多种功能的大气污染源综合管理系统。主要实现以下功能：

①实现污染源企业随时上报和查询企业自身的污染物排放监测数据，并且能够对全市重点（在线监测）污染源的各类排放信息进行实时采集。实现大气污染数据的及时更新，及时、准确、完整地反映各污染源排放情况。

②实现管理部门通过门户网站发布通知公告、数据有效性审核、监控动态、技术规范和在线验收等，加强环保部门与企业的沟通和管理。

③实现固定燃烧源、工业过程源、移动源、扬尘源、溶剂使用源、农牧源等 11 类污染源的排放因子、活动水平、时空排放特性及 VOCs 和 $PM_{2.5}$ 等组分谱特征进行统一管理，并能够实现污染源分类编码、天津市区县分布信息、企业基本信息、排放因子等公共基础数据的统一管理。

#### 1. 构建内容

以非道路移动源为例进行污染源信息管理，主要管理以下内容，包括非道路移动源活动水平库、排放因子库、污染物排放量计算公式。主要内容如下：

1）活动水平库

（1）非道路移动机械。

表 5.1 AL_NONROAD_MACHINERY

| 字段名 | 类型 | 字段含义 | 说明 |
|---|---|---|---|
| AL_VERSION | | 名称 | |
| L_LEVEL | | 层级 | |

| 字段名 | 类型 | 字段含义 | 说明 |
|---|---|---|---|
| LEVEL_FIRST | | 第一层分类 | |
| LEVEL_SECOND | | 第二层分类 | |
| LEVEL_THREE | | 第三层分类 | |
| LEVEL_FOUR | | 第四层分类 | |
| OWNERSHIP | | 保有量 | |
| POWER | | 平均额定净功率 | |
| LOAD_FACTOR | | 负载因子 | |
| HOURS | | 年使用小时数 | |
| POLLUTANT | | 污染物种类 | |

（2）农业机械。

表 5.2　AL_AGRICULTURE_TRUCK

| 字段名 | 类型 | 字段含义 | 说明 |
|---|---|---|---|
| AL_VERSION | | 名称 | |
| L_LEVEL | | 层级 | |
| LEVEL_FIRST | | 第一层分类 | |
| LEVEL_SECOND | | 第二层分类 | |
| LEVEL_THREE | | 第三层分类 | |
| LEVEL_FOUR | | 第四层分类 | |
| OWNERSHIP | | 保有量 | |
| VKT | | 年均行驶里程 | |
| POLLUTANT | | 污染物种类 | |

（3）船舶。

表 5.3　AL_SHIP

| 字段名 | 类型 | 字段含义 | 说明 |
|---|---|---|---|
| AL_VERSION | | 名称 | |
| L_LEVEL | | 层级 | |
| LEVEL_FIRST | | 第一层分类 | |
| LEVEL_SECOND | | 第二层分类 | |
| LEVEL_THREE | | 第三层分类 | |

| 字段名 | 类型 | 字段含义 | 说明 |
|---|---|---|---|
| LEVEL_FOUR | | 第四层分类 | |
| FUEL_CONSUMPTION | | 燃油消耗量 | |
| POLLUTANT | | 污染物种类 | |

（4）飞机。

表 5.4　AL_AIRPORTS

| 字段名 | 类型 | 字段含义 | 说明 |
|---|---|---|---|
| AL_VERSION | | 名称 | |
| L_LEVEL | | 层级 | |
| LEVEL_FIRST | | 第一层分类 | |
| LEVEL_SECOND | | 第二层分类 | |
| LEVEL_THREE | | 第三层分类 | |
| LEVEL_FOUR | | 第四层分类 | |
| LTO | | 起飞着陆循环次数 | |
| POLLUTANT | | 污染物种类 | |

（5）铁路。

表 5.5　AL_RAILWAY

| 字段名 | 类型 | 字段含义 | 说明 |
|---|---|---|---|
| AL_VERSION | | 名称 | |
| L_LEVEL | | 层级 | |
| LEVEL_FIRST | | 第一层分类 | |
| LEVEL_SECOND | | 第二层分类 | |
| LEVEL_THREE | | 第三层分类 | |
| LEVEL_FOUR | | 第四层分类 | |
| FUEL_CONSUMPTION | | 燃油消耗量 | |
| POLLUTANT | | 污染物种类 | |

2）排放因子库

（1）非道路移动机械。

表 5.6 EF_NONROAD_MACHINERY

| 字段名 | 类型 | 字段含义 | 说明 |
|---|---|---|---|
| EF_VERSION | | 名称 | |
| L_LEVEL | | 层级 | |
| LEVEL_FIRST | | 第一层分类 | |
| LEVEL_SECOND | | 第二层分类 | |
| LEVEL_THREE | | 第三层分类 | |
| LEVEL_FOUR | | 第四层分类 | |
| EF | | 排放因子 | |
| POLLUTANT | | 污染物种类 | |

（2）农业机械。

表 5.7 EF_AGRICULTURE_TRUCK

| 字段名 | 类型 | 字段含义 | 说明 |
|---|---|---|---|
| EF_VERSION | | 名称 | |
| L_LEVEL | | 层级 | |
| LEVEL_FIRST | | 第一层分类 | |
| LEVEL_SECOND | | 第二层分类 | |
| LEVEL_THREE | | 第三层分类 | |
| LEVEL_FOUR | | 第四层分类 | |
| EF | | 排放因子 | |
| POLLUTANT | | 污染物种类 | |

（3）船舶。

表 5.8 EF_SHIP

| 字段名 | 类型 | 字段含义 | 说明 |
|---|---|---|---|
| EF_VERSION | | 名称 | |
| L_LEVEL | | 层级 | |

| 字段名 | 类型 | 字段含义 | 说明 |
|---|---|---|---|
| LEVEL_FIRST | | 第一层分类 | |
| LEVEL_SECOND | | 第二层分类 | |
| LEVEL_THREE | | 第三层分类 | |
| LEVEL_FOUR | | 第四层分类 | |
| EF | | 排放因子 | |
| POLLUTANT | | 污染物种类 | |

（4）飞机。

表 5.9　EF_AIRPORTS

| 字段名 | 类型 | 字段含义 | 说明 |
|---|---|---|---|
| EF_VERSION | | 名称 | |
| L_LEVEL | | 层级 | |
| LEVEL_FIRST | | 第一层分类 | |
| LEVEL_SECOND | | 第二层分类 | |
| LEVEL_THREE | | 第三层分类 | |
| LEVEL_FOUR | | 第四层分类 | |
| EF | | 排放因子 | |
| POLLUTANT | | 污染物种类 | |

（5）铁路。

表 5.10　EF_RAILWAY

| 字段名 | 类型 | 字段含义 | 说明 |
|---|---|---|---|
| EF_VERSION | | 名称 | |
| L_LEVEL | | 层级 | |
| LEVEL_FIRST | | 第一层分类 | |
| LEVEL_SECOND | | 第二层分类 | |
| LEVEL_THREE | | 第三层分类 | |
| LEVEL_FOUR | | 第四层分类 | |
| EF | | 排放因子 | |
| POLLUTANT | | 污染物种类 | |

3）污染物排放量计算

（1）非道路移动机械。

$$E = \left(Y \times \mathrm{EF}\right) \times 10^{-6} \tag{5-1}$$

（2）船舶。

$$E_{\mathrm{p}} = \mathrm{EF} \times C_{\mathrm{f}} \tag{5-2}$$

（3）飞机。

$$E = \left(C_{\mathrm{LTO}} \times \mathrm{EF}\right) \times 10^{-3} \tag{5-3}$$

（4）铁路。

$$E = \left(Y \times \mathrm{EF}\right) \times 10^{-6} \tag{5-4}$$

## 2. 平台构建

图 5.2～图 5.5 分别为污染源信息管理登录界面、固定燃烧源等点源信息管理内容、扬尘源等面源的信息管理内容。

图 5.2　污染源信息管理登录界面

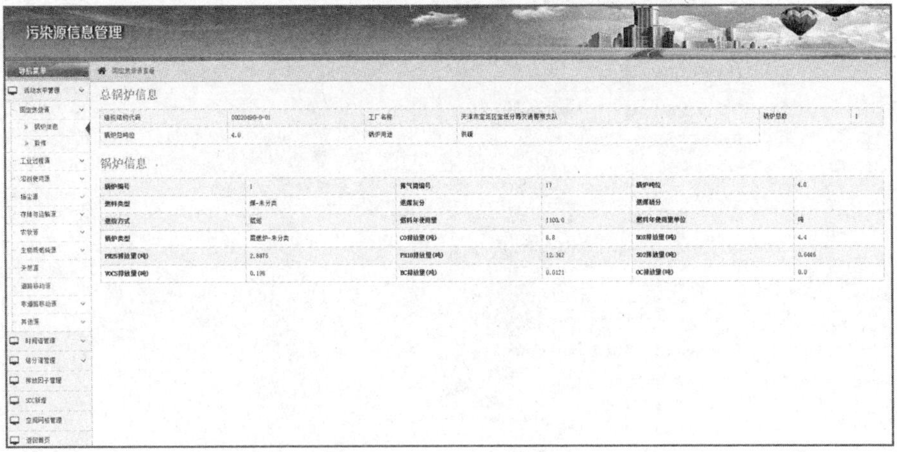


图 5.3　点源信息管理内容

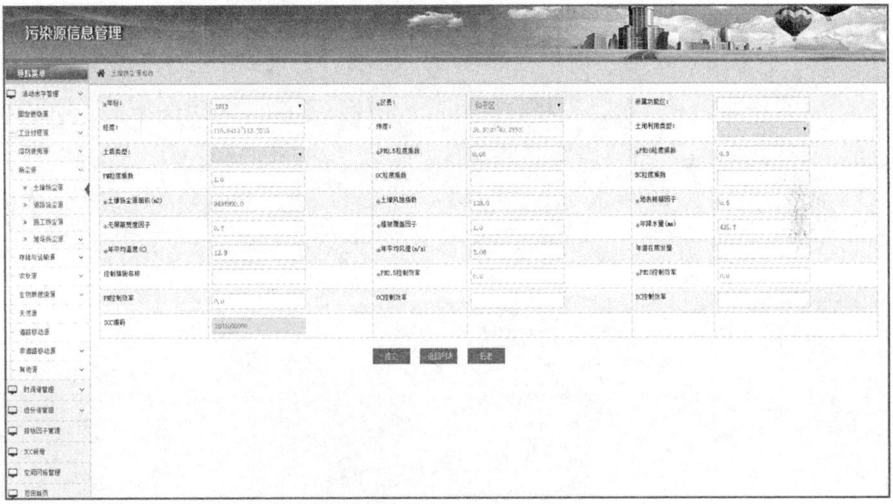


图 5.4　扬尘源信息管理内容

图 5.5 农牧源信息管理内容

## 5.2.2 Model3/CMAQ 模式环境系统

本部分主要进行模式化清单处理、控制措施效果模拟。首先构建模拟区域的 WRF 模型的参数化方案及模型运行的软件环境, 其次构建模拟区域的 SMOKE 模型所需的时间、空间、组分谱等必要文件及输入清单, 以及模型运行的软件环境, 最后构建 CMAQ 模型的参数化方案及模型运行的软件环境。Model3/CMAQ 模式环境系统中的排放源分类代码系统、化学成分谱系统分别见图 5.6、图 5.7。

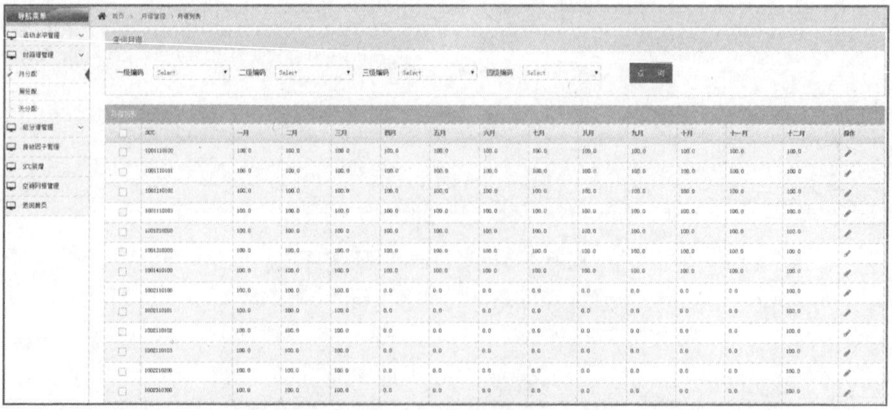

图 5.6 Model3/CMAQ 模式环境系统中的排放源分类代码系统

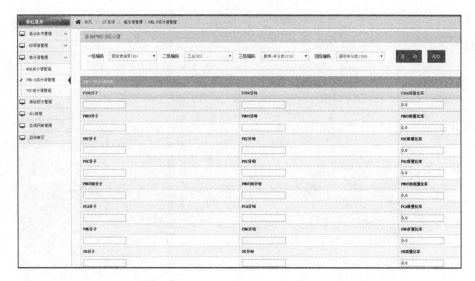

图 5.7　Model3/CMAQ 模式环境系统中的化学成分谱系统

## 5.2.3　动态模式化排放清单处理系统

　　基于 SMOKE 模型的动态模式化清单处理系统，为空气质量数值预测模型 CMAQ 等提供时空分布的天津本地化排放清单。主要是进行各类数据库之间的中间程序，实现大气污染源综合管理平台、Models/CMAQ 模型及 WebGIS 表征平台的无缝连接，管理固定燃烧源、工业过程源、移动源、扬尘源、溶剂使用源、农牧源等 11 类污染源的排放因子、活动水平、时空排放特性及 VOCs 和 $PM_{2.5}$ 等信息以及污染源分类编码、天津市区县分布信息、企业基本信息、排放因子等公共基础数据，自动生成模型化大气污染排放清单，为 CMAQ 等空气质量数值预报模型提供污染排放输入。

## 5.2.4　基于 WebGIS 平台的污染物排放特征表征系统

　　实现区域大气污染源及污染排放特征、污染源排放时空特性及空气质量等信息在地图上的表征，使决策层和相关技术人员及时全面掌握区域及局部区域大气污染排放情况和空气质量状况，为管理提供服务。目标如下：

　　①实现自动对各类污染源的基础数据进行汇总、分析和处理，并能够在地图

上进行大气污染排放信息的可视化展示，包括省区层面、各市区县及任意敏感区域污染总量、各类污染源排放特征等信息的 GIS 表征。

②实现区域大气污染排放时空特性在地图上的表征。

③实现不同控制措施下模拟的省区空气质量时空特性在地图上的表征。

以天津市为例，图 5.8 为天津市大气污染源排放 GIS 表征系统中的固定燃烧源等 12 类污染源、$PM_{10}$ 等 9 项污染物的排放空间表征，图中，红色区域代表污染物排放量较大，深绿色区域代表污染物排放量较小。

**图 5.8　区域大气污染源排放 GIS 表征系统——以天津市为例**

图 5.9 为天津市大气污染源排放 GIS 表征系统中的固定燃烧源等 12 类污染源、$PM_{10}$ 等 9 项污染物的排放区县表征，图中右侧为各区县污染物排放量统计图展示。

## 5.2.5　空气质量控制辅助决策支持系统

实现排放基于各类控制措施的模式化清单自动生成、空气质量的模拟及控制效果的评价等功能，为各类政策措施的制定、重污染天气下污染源的排查、措施的决策及效果的评估提供技术支持（见图 5.10）。

①实现各种控制措施的制定和存储。

②使用 SMOKE 进行基于控制措施的模型化排放清单的自动建立。

③使用 CMAQ 进行控制情景的自动模拟。

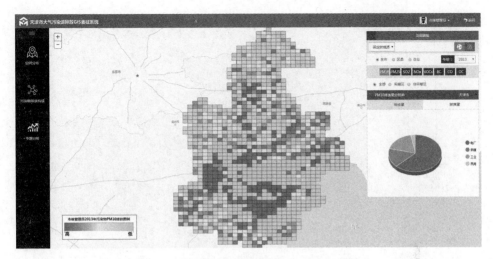

图 5.9　区域大气污染源排放 GIS 表征系统

图 5.10　控制措施模拟默认页面

在模拟运行页面,用户可以组合已制定的控制措施进行模拟运行,见图 5.11~图 5.13。

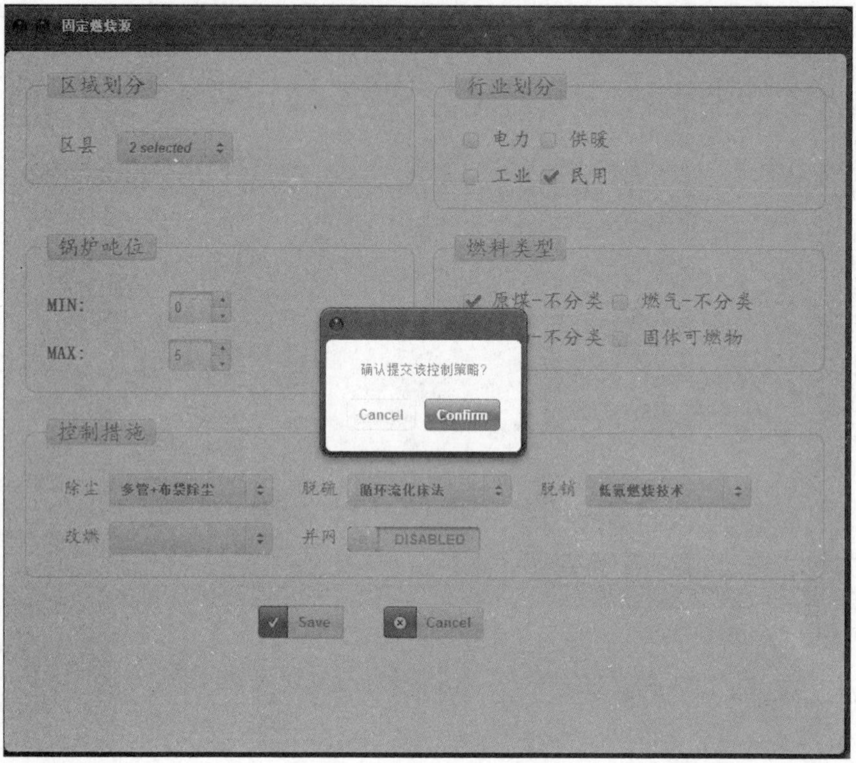


图 5.11　控制措施制定界面

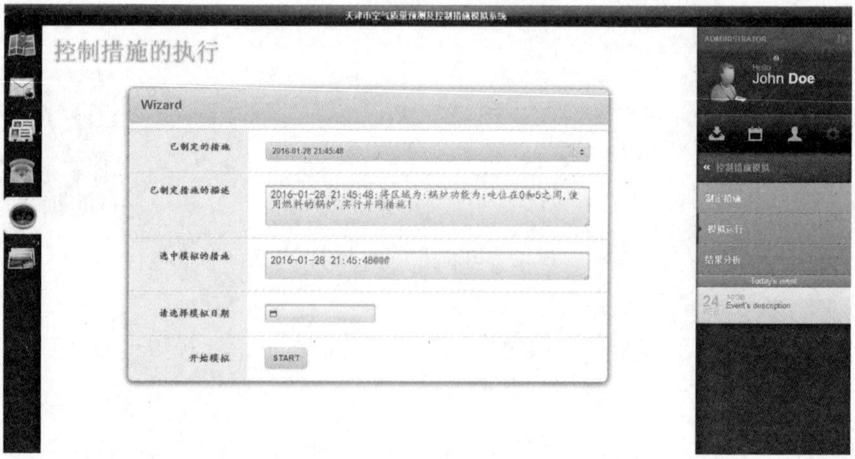


图 5.12　控制措施执行界面

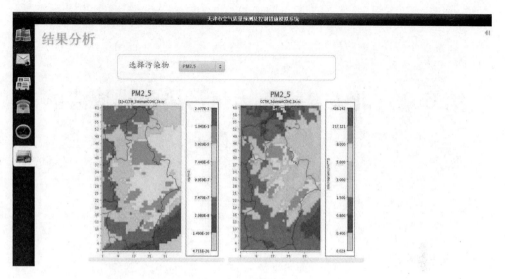

图 5.13　结果分析界面

# 第6章 北方某城市大气污染源排放清单建立案例

## 6.1 区域概况

该区域紧邻渤海,区域面积约 1 600 km²,人口约 90 万人,农业人口约占 80%。2015 年地区生产总值 536 亿元,该区域建有 6 个工业园区,村以上集体工业企业 1 700 余家,具备了 40 个行业 2 000 多种产品的生产能力,形成了纺织、服装、工艺美术、地毯、制鞋、化工等骨干行业。有外向型企业 290 家,其中"三资"企业 33 家,主要出口产品有地毯、服装、鞋类、工艺美术品和腌制品、芦笋罐头等 27 类 120 种。

## 6.2 空气质量分析

2015 年,该区域空气质量综合指数为 7.15,达标天数为 207 天,重污染天数 26 天。

### 6.2.1 浓度分析

对该区域 2013—2015 年各项污染物浓度分析发现(见表 6.1),该区域各项污染物中除 $O_3$ 明显上升外,其余五项均呈不同程度下降趋势。其中,$PM_{10}$ 浓度降幅最高,为 30.8%,CO 降幅最低,为 11.6%。

对近三年采暖期、非采暖期污染物浓度分析来看(见表 6.2,表 6.3),采暖期各项污染物浓度均呈下降趋势，CO 和 $O_3$ 降幅相对较小，且 CO 浓度较 2014 年有所上升；非采暖期各项污染物浓度除 CO 和 $O_3$ 外，其余均呈明显下降趋势，降幅明显高于采暖期。

表 6.1　2013—2015 年该区域六项污染物浓度

| 年份 | $SO_2$ | $NO_2$ | $PM_{10}$ | $PM_{2.5}$ | CO-95 per | $O_3$-8H-90 per |
|---|---|---|---|---|---|---|
| 2013 | 40 | 61 | 156 | 93 | 4.3 | 135 |
| 2014 | 39 | 49 | 129 | 87 | 3.9 | 180 |
| 2015 | 32 | 43 | 108 | 68 | 3.8 | 178 |
| 变化幅度/% | −20.0 | −29.5 | −30.8 | −26.9 | −11.6 | 31.9 |

注：CO 浓度单位 $mg/m^3$，其余均为 $\mu g/m^3$。

表 6.2　2013—2015 年该区域采暖期浓度

| 年份 | $SO_2$ | $NO_2$ | $PM_{10}$ | $PM_{2.5}$ | CO-95 per | $O_3$-8H-90 per |
|---|---|---|---|---|---|---|
| 2013 | 72 | 73 | 192 | 121 | 5.5 | 68 |
| 2014 | 76 | 64 | 167 | 111 | 4.9 | 67 |
| 2015 | 56 | 60 | 155 | 97 | 5.2 | 65 |
| 变化幅度% | −22.2 | −17.8 | −19.3 | −19.8 | −5.5 | −4.4 |

注：CO 浓度单位 $mg/m^3$，其余均为 $\mu g/m^3$。

表 6.3　2013—2015 年该区域点位非采暖期浓度

| 年份 | $SO_2$ | $NO_2$ | $PM_{10}$ | $PM_{2.5}$ | CO-95 per | $O_3$-8H-90 per |
|---|---|---|---|---|---|---|
| 2013 | 25 | 56 | 139 | 79 | 2.5 | 148 |
| 2014 | 21 | 41 | 111 | 75 | 2.4 | 199 |
| 2015 | 20 | 35 | 84 | 53 | 2.5 | 196 |
| 变化幅度% | −20.0 | −37.5 | −39.6 | −32.9 | 0.0 | 32.4 |

注：CO 浓度单位 $mg/m^3$，其余均为 $\mu g/m^3$。

综合可见，随着该区域一系列治理措施的实行，$PM_{2.5}$、$PM_{10}$ 和 $NO_2$ 改善效果相对明显，CO 和 $O_3$ 污染正呈上升态势，采暖期的 CO、非采暖期的 $O_3$ 污染问题尤其突出。

2013—2015 年采暖期/非采暖期浓度比值均大于 1，其中 $SO_2$ 比值最高，在 2.8～3.6 之间，明显高于全区域平均水平，可见燃煤采暖对其浓度影响仍较为显著（见图 6.1）；其次为 CO，浓度比值在 2.0～2.2 之间；$PM_{10}$ 和 $PM_{2.5}$ 采暖期/非采暖期浓度比值均在 1.4～1.8 之间，2015 年比值明显高于前两年，可见采暖期燃煤影响仍较突出；$NO_2$ 比值在 1.3～1.7 之间，且呈上升趋势，可见采暖期燃煤对其也有一定影响。

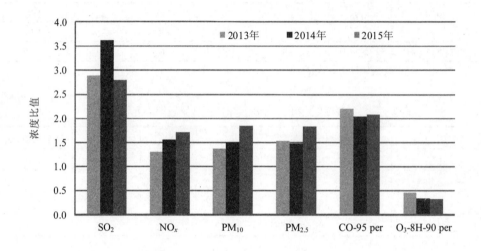

图 6.1　2013—2015 年该区域采暖期/非采暖期浓度比值

综合可见，①燃煤采暖和冬季不利气象条件对采暖期环境空气质量总体不利，其中对 $SO_2$ 浓度影响最为显著，对其余污染物的影响程度相对较低。②2015 年各项污染物采暖期/非采暖期浓度比值整体呈上升趋势，尽管近年对燃煤采取一定控制措施，$SO_2$ 浓度有了明显下降，但就该区域而言，燃煤采暖对各项污染物影响正呈全面增加趋势，尤其是对气态污染物 $SO_2$、CO 等的影响，需要引起重视。

## 6.2.2　综合污染指数及占比变化

对 2013—2015 年该区域全年和采暖期、非采暖期综合指数分别进行分析发现（见图 6.2），各期别综合指数均呈下降趋势。2015 年综合指数同比降幅为 13.9%，比 2014 年同比降幅（7.8%）上升了 6.1 个百分点。

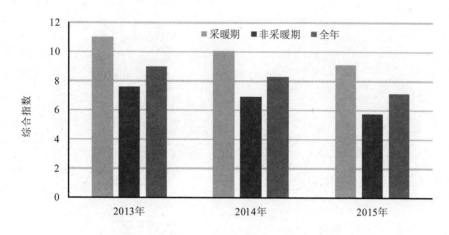

图 6.2　2013—2015 年该区域综合指数情况

对 2013—2015 年采暖期和非采暖期各项指标占比及变化趋势进行对比分析。由图 6.3 可见，采暖期主要污染指标为 $PM_{2.5}$、$PM_{10}$、$NO_2$，非采暖期为 $PM_{2.5}$、$PM_{10}$、$O_3$ 和 $NO_2$。无论是采暖期还是非采暖期，$PM_{2.5}$ 在分指数占比中均居首位，在 30%左右，其次为 $PM_{10}$，占比在 20%左右，颗粒物整体占比在 50%左右。其中，采暖期、非采暖期气态污染物占比变化有明显差异，$O_3$ 占比季节性变化较大，在非采暖期，仅次于 $PM_{2.5}$ 和 $PM_{10}$，成为第三大污染物，而采暖期则降至最低，仅在 5%左右。

从 2013—2015 年时间纵向变化趋势看，无论是采暖期还是非采暖期，$O_3$、CO 比例均呈上升趋势；$NO_2$、$SO_2$ 变化趋势各期别无明显规律；$PM_{2.5}$ 和 $PM_{10}$ 非采暖期比例呈下降趋势，采暖期无明显变化。需要指出的是，2015 年非采暖期 $O_3$ 污染十分突出，对综合指数占比超过 1/5，非采暖期气态污染物占比超过一半。

总体可见，该区域气态污染物占比呈明显上升趋势，燃煤对该区域的影响十分重要。采暖期燃煤对各项污染物尤其是 CO 影响越来越大；非采暖期 $O_3$ 污染严重，需加以关注。

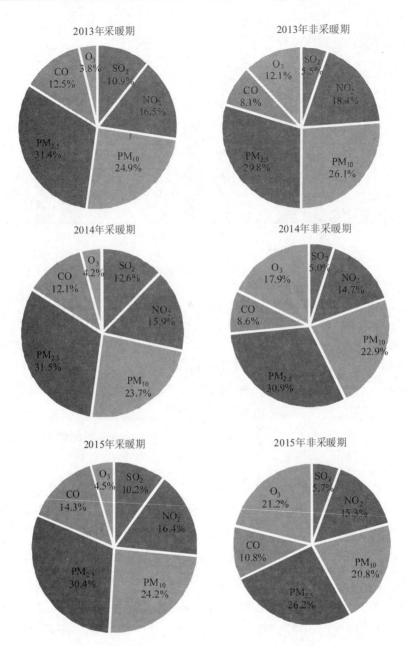

图 6.3　2013—2015 年该区域采暖期、非采暖期分指数占比

### 6.2.3　颗粒物污染特征

对 2013—2015 年 $PM_{10}$、$PM_{2.5}$ 采暖期和非采暖期浓度比值进行比较（见图 6.4），发现各期颗粒物整体呈下降趋势。由于 $PM_{10}$ 大多为一次来源，$PM_{2.5}$ 与二次反应密切相关，因此可通过比值初步判定颗粒物一次来源和二次来源特征。从时间纵向比较来看，2014 年 $PM_{2.5}/PM_{10}$ 浓度比值相对较高，采暖期、非采暖期 $PM_{2.5}/PM_{10}$ 浓度比值分别为 0.66 和 0.68，其余两年相对较低；从采暖期、非采暖期 $PM_{2.5}/PM_{10}$ 浓度比值横向比较来看，2013 年采暖期比值明显高于非采暖期，随后两年非采暖期比值渐渐居上，略高于采暖期。

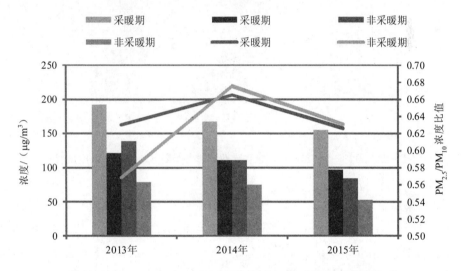

图 6.4　2013—2015 年该区域采暖期和非采暖期颗粒物浓度情况

一方面说明颗粒物全年比值变化正日趋均匀，季节性特征越来越不明显，颗粒物来源越来越广泛，治理难度加大。另一方面说明，非采暖期 $PM_{2.5}$ 在 $PM_{10}$ 中占比正逐渐加大，颗粒物的二次反应需引起注意。

### 6.2.4　$NO_2$ 和 $SO_2$ 特征分析

对 2013—2015 年各期别 $NO_2$ 和 $SO_2$ 浓度分析发现（见图 6.5），2015 年采暖期和非采暖期 $SO_2$ 浓度整体呈下降趋势，其中，采暖期降幅高于非采暖期，达

26.3%，非采暖期降幅较小，为 4.8%，绝对浓度仅降低 1 μg/m³。可见，对于 $SO_2$ 而言，采暖期是最佳控制时期，仍有很大改善空间，且近年的控制力度不够，明显低于全区域平均水平；而在非采暖期，按照现行控制力度和污染现状，改善余地越来越小。

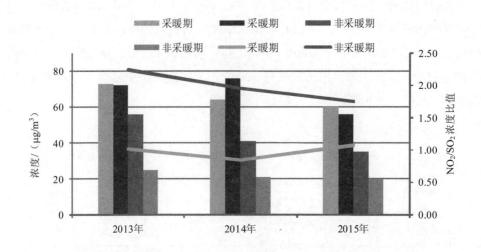

图 6.5　2013—2015 年该区域采暖期和非采暖期 $SO_2$、$NO_2$ 浓度情况

$NO_2$ 浓度变化趋势呈现两个特征，一方面是非采暖期降幅明显高于采暖期，2015 年非采暖期降幅 14.6%，采暖期降幅仅为 6.3%；另一方面，2015 年降幅明显低于 2014 年，非采暖期、采暖期分别下降 12.2%和 6.0%。说明随着一系列保障措施的实施，$NO_2$ 的浓度改善空间正逐渐减小，同时非采暖期 $NO_x$ 和 VOCs 发生光化学反应，造成 $NO_2$ 浓度下降，$O_3$ 浓度升高，控制难度增加。

$NO_2$ 和 $SO_2$ 浓度比值可用于分析固定源和流动源相对重要性。由图 6.6 可见，该区域采暖期 $NO_2/SO_2$ 浓度比值在 1 左右，整体变化不大，可见，采暖期该区域流动源和固定源并重，非采暖期 $NO_2/SO_2$ 浓度比值则呈现明显下降的趋势，这与其他区域明显不同，一方面说明以燃煤为主的固定源仍存在，另一方面，光化学反应对 $NO_x$ 的消耗造成 $NO_2$ 浓度降低，从而使得 $NO_2/SO_2$ 比值下降。

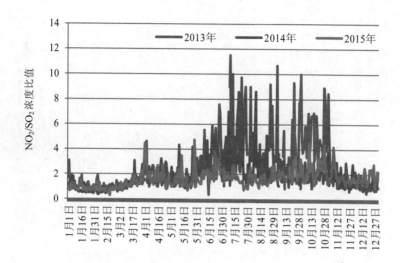

图 6.6　2013—2015 年该区域 $NO_2/SO_2$ 浓度比值

从全年变化趋势看，2013 年 $NO_2/SO_2$ 浓度比值高值集中在 7—10 月，且明显高于冬季采暖期，2014 年高值主要出现在 5—8 月，峰值和集中时段均较 2013 年有明显的降低，而在 2015 年 7—8 月出现了一个浓度低谷，该时段太阳辐射和温度均为全年较强时段，十分有利于光化学反应。

由此可见，对该区域而言，尽管 $SO_2$ 和 $NO_2$ 浓度近年来有所下降，但气态污染物影响不容小觑，全年采暖期和非采暖期呈现两极分化的特征：采暖期以燃煤为主的固定源影响依然存在，煤烟型污染特征突出，$SO_2$ 改善力度远低于区域区，尤其是采暖期改善空间很大；非采暖期光化学反应严重，$NO_2$ 浓度下降，但并不代表污染减轻，随之而来的 $O_3$ 污染使得污染问题更加复杂化。

## 6.2.5　CO 污染特征分析

对该区域 2013—2015 年 CO 年均浓度分析来看（见图 6.7），三年差异不大，分别为 1.8 mg/m³、1.8 mg/m³ 和 1.7 mg/m³。整体来看，采暖期浓度明显高于非采暖期，2015 年 5 月下旬至 6 月上旬，9 月中下旬 CO 浓度明显低于前两年，可见秸秆焚烧管控起到一定作用。

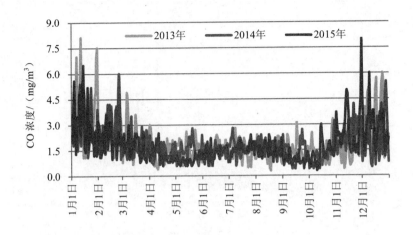

图 6.7　2013—2015 年该区域 CO 浓度情况

　　根据《环境空气质量标准》（GB 3095—2012）和《环境空气质量评价技术规范》（HJ 663—2013）的规定，对 CO 的评价采取日均浓度第 95 百分位进行评价，按照这一评价方法评估，高值对空气质量的影响，较平均浓度评价方法更加"敏感"。依此评价该区域 CO 第 95 百分位数浓度大体为排序介于第 346 位与第 347 位之间的值，即倒数第 18 位最大值。

　　对各期别浓度分析看，采暖期 CO95 分位浓度明显高于非采暖期，与 2013 年相比，采暖期和全年浓度分别下降了 5.5%和 11.6%，非采暖期持平，且三年浓度变化幅度不大，见表 6.4。

表 6.4　2013—2015 年该区域各期别浓度

| 期别 | 年份 | CO-95 per/ $(mg/m^3)$ |
|---|---|---|
| 采暖期 | 2013 | 5.5 |
|  | 2014 | 4.9 |
|  | 2015 | 5.2 |
| 非采暖期 | 2013 | 2.5 |
|  | 2014 | 2.4 |
|  | 2015 | 2.5 |

| 期别 | 年份 | CO-95 per/（mg/m³） |
|---|---|---|
| 全年 | 2013 | 4.3 |
| | 2014 | 3.9 |
| | 2015 | 3.8 |

　　对三年内前 18 大值出现日期进行分析（见图 6.8），发现 CO 高值主要集中在采暖期，其中 12 月和 1 月高值出现最为频繁，2013—2015 年分别贡献了全年高值的 88.9%、61.1% 和 66.7%（见表 6.5）。

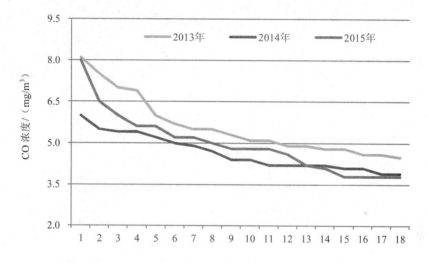

图 6.8　2013—2015 年该区域 CO 前 18 大值情况

表 6.5　2013—2015 年 CO 高值各月天数及分布情况

| 天数＼年份 | 2013 | 2014 | 2015 |
|---|---|---|---|
| 1 月天数 | 9 | 7 | 7 |
| 2 月天数 | 1 | 6 | 0 |
| 3 月天数 | 1 | 0 | 0 |
| 11 月天数 | 0 | 1 | 6 |
| 12 月天数 | 7 | 4 | 5 |

同时，对 CO 浓度高值和 AQI 指数，以及春节烟花爆竹燃放和 CO 浓度影响分别进行相关分析，未发现明显规律，见表 6.6。综合可见，非采暖期秸秆焚烧等高值影响远不及采暖期燃煤影响，且对该区域而言，控制 CO 高值应重点在采暖期的 12 月和 1 月。

表 6.6　2013—2015 年该区域 CO 前 18 大值及出现日期　　单位：mg/m³

| 排序 | 2013 年 | CO 浓度 | 2014 年 | CO 浓度 | 2015 年 | CO 浓度 |
|---|---|---|---|---|---|---|
| 1 | 1 月 12 日 | 8.1 | 2 月 25 日 | 6.0 | 11 月 30 日 | 8 |
| 2 | 1 月 31 日 | 7.5 | 12 月 28 日 | 5.5 | 1 月 15 日 | 6.5 |
| 3 | 1 月 7 日 | 7.0 | 1 月 11 日 | 5.4 | 12 月 9 日 | 6.0 |
| 4 | 1 月 30 日 | 6.9 | 1 月 15 日 | 5.4 | 1 月 14 日 | 5.6 |
| 5 | 12 月 24 日 | 6.0 | 1 月 24 日 | 5.2 | 1 月 4 日 | 5.6 |
| 6 | 12 月 17 日 | 5.7 | 2 月 24 日 | 5.0 | 1 月 13 日 | 5.2 |
| 7 | 1 月 11 日 | 5.5 | 12 月 27 日 | 4.9 | 1 月 20 日 | 5.2 |
| 8 | 12 月 25 日 | 5.5 | 1 月 16 日 | 4.7 | 11 月 13 日 | 5.0 |
| 9 | 12 月 23 日 | 5.3 | 1 月 10 日 | 4.4 | 1 月 10 日 | 4.8 |
| 10 | 12 月 8 日 | 5.1 | 12 月 29 日 | 4.4 | 11 月 14 日 | 4.8 |
| 11 | 12 月 16 日 | 5.1 | 12 月 23 日 | 4.2 | 12 月 1 日 | 4.8 |
| 12 | 1 月 29 日 | 4.9 | 2 月 14 日 | 4.2 | 11 月 29 日 | 4.6 |
| 13 | 3 月 6 日 | 4.9 | 2 月 12 日 | 4.2 | 11 月 12 日 | 4.2 |
| 14 | 1 月 22 日 | 4.8 | 11 月 21 日 | 4.2 | 1 月 3 日 | 4.1 |
| 15 | 12 月 7 日 | 4.8 | 2 月 16 日 | 4.1 | 12 月 14 日 | 3.8 |
| 16 | 1 月 28 日 | 4.6 | 2 月 22 日 | 4.1 | 11 月 28 日 | 3.8 |
| 17 | 3 月 7 日 | 4.6 | 1 月 31 日 | 3.9 | 12 月 25 日 | 3.8 |
| 18 | 1 月 10 日 | 4.5 | 1 月 19 日 | 3.9 | 12 月 10 日 | 3.8 |

总体而言，SO₂ 和 CO 浓度相关性在采暖期未见明显变化规律，非采暖期相关性缓慢增加，尤其是 2015 年非采暖期相关性明显升高。说明非采暖期工业用煤品质稳定，CO 和 SO₂ 主要源于工业燃煤等，而在采暖期，散煤燃烧问题突出，燃煤品质良莠不齐，使得 CO 和 SO₂ 来源复杂化。

## 6.2.6　小结

该区域全年呈现显著的两极分化的污染特征。

（1）采暖期以燃煤为主的固定源影响依然存在，煤烟型污染特征明显：一是散煤燃烧问题突出，对 CO 浓度影响显著。CO 采暖期浓度达 5.2 mg/m³，同比上升 6.1%，对综合指数贡献比例高出全区域 3.0 个百分点；二是 $SO_2$ 改善力度远低于市区，改善空间仍很大。采暖期降幅为 26.3%，比全区域低 13.7 个百分点；三是采暖期颗粒物同源性较好，相关系数达 0.9 以上，冬季燃煤采暖仍是其主要来源。

（2）非采暖期光化学反应严重。$O_3$ 浓度上升显著，同时由于光化学反应消耗造成 $NO_2$ 浓度下降，掩盖了机动车污染问题，加大了实际污染治理难度。

综合可见，该区域的颗粒物污染问题相对略轻，但气态污染物污染形势不容乐观：采暖期 CO 污染严重，非采暖期 $O_3$ 问题突出。原有的颗粒物占比居主导的趋势正逐渐向采暖期煤烟型污染、非采暖期光化学污染两个极端转化，气态污染物占比增加，治理难度加大。建议采取分期治理的办法，加强采暖期燃煤控制、非采暖期 $O_3$ 及其前体物 VOCs 控制。

## 6.3　污染源调查

### 6.3.1　调查流程

#### 1．制定调查方案

1）确定调查原则

调查依据"核老源，补新源"的原则进行。对已掌握的污染源，挑选出重点的进行核查（或质控抽查）；对于已收集但不确定的污染源，核实详细污染源信息；对未掌握的、不在账的，比如小锅炉、小工业作坊、散煤等，进行实地调查补充。重点工作在于补新源。

调查分重点源和重点行业。在污染源清单的分类中有 12 类源，但对于时间紧、任务重的调查，为保证效率，梳理出重点源和重点行业进行调查很有必要。结合该区域环境空气主要污染特点，将燃煤源（含锅炉窑炉、散煤燃烧）、涉 VOCs 排放源（含工业企业、干洗、汽修、储罐、加油站）、移动源（含机动车、施工机械、农用机械）和扬尘源（含施工工地、料场堆场、裸露地面、道路扬尘）进行重点调查。其他排放源如农牧源、天然源、废弃物处理源、生物质燃烧源、餐饮源等则根据环保局现有数据进行评估和表征。

调查分数据协调调查和现场实地调查。数据协调调查是指在重点调查源中，有些信息是环保系统不掌握的，比如散煤的相关信息需协调发改委、商务委等部门，机动车及道路交通流量等信息需协调交管部门，这些信息将通过向各相关委办局发信息调查表获得。现场实地调查是指在"核老源、补新源"的过程中需进行实地摸排。

2）确定组织形式

对调查区域进行界定，根据涉及的街镇进行分组。每1~2个街镇由一个调查组负责，范围内的企业单独由1~2个调查组负责。街镇调查组由市环保局人员1名、区县环保局人员1名、街镇网格员2~3名组成，对街镇散煤、锅炉、餐馆、裸地、堆场料场、建筑工地、干洗店、汽修店等污染源进行调查；企业调查组由市环保局人员1名、区县环保局人员1名、街镇企管部门工作人员2~3名组成，负责调查范围内的所有企业（包括生产工艺、堆场料场、自用锅炉等）。

3）确定调查开展方式

调查分为现有污染源数据收集与现场实地调查。有效收集、梳理现有污染源信息可大大减少调查工作量，提高工作效率。明确污染源调查任务后，应立即启动数据收集工作。区县环保局提供信息涉气污染源调查、排污申报信息、污染源上报信息、裸地核查信息、工业企业基本信息、锅炉基本信息、污水处理厂信息等；以发送表格的方式协调区县其他委办局获取环保局不掌握的污染源信息，如道路、机动车、工程机械、建设工地、农业机械、化肥使用、畜禽养殖、散煤分布及用量等信息。由区域环保部门对以上信息进行归纳梳理评估，形成基础数据库。实地调查是指依据基础数据库，按照"核老源，补新源"的原则进行现场调查，对数据库上存在的污染源进行核实，补充相关信息，对数据库中不存在的污染源，予以添加。

4）确定保障工作

在调查开始前，应做好以下准备工作：区县环保局指定1名负责数据协调调查的负责人；确定区环保局参与调查的工作人员；确定参与调查的网格员和企管部门工作人员；协调好调查车辆。调查过程中，实施简报制，每 2 天向区域、区两级环保局报送调查简报，并根据领导要求及时调整调查方案。

### 2. 调查实施

1）数据协调

由数据协调负责人负责向各委办局协调数据，并在规定时间内反馈信息。

2）现场调查

按照既定分组，进行现场调查，每组成员手中会有一套图表，包括详细调查表、各污染源中已掌握的污染源信息、所负责街镇的详细地图。各污染源需调查的信息参见调查表。现场调查过程中，遵循核旧补新的原则，对已有的污染源核实信息并修改补充，对新出现的污染源按照填写要求进行信息补充。

在首次调查中，小组所有人员一起前往所负责的街镇，在该街镇分别选取锅炉、散煤、工业企业、干洗、汽修、储罐、加油站、建筑工地、料场堆场、裸地各 1 处，由区域环保局人员负责询问并填写调查表格，区县环保局人员和网格员现场学习询问和填表规则，掌握各污染源调查方法。在后续的调查中，将主要由区环保局人员和网格员进行污染源调查。

### 3. 数据统计分析

对调查获取的数据进行归纳整理，按各污染源进行分类统计。按照各污染源清单编制指南，对排放量进行核算。

### 4. 排放特征分析

对污染源进行基于 GIS 的表征，绘制污染源分布图，并根据污染物排放量对排放强度进行表征。

## 6.3.2　污染源调查结果

### 1. 燃烧源

对该区域燃烧源（分为锅炉燃烧和散煤燃烧）分布进行了调查和测算。

1）锅炉燃烧源

（1）锅炉分布。

根据对该区域能源燃烧企业摸底情况调查，涉及能源燃烧的工业企业和供热单位 56 家，103 台锅炉。其中燃煤企业 43 家，77 台锅炉；天然气燃烧企业 13 家，26 台锅炉。

43 家燃煤企业中（见图 6.9），供热企业 10 家，占 23.3%；自供热单位 19 家，占 44.2%；工业企业 14 家，占 32.5%。

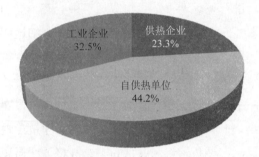

图 6.9　各类燃煤企业占比

该区域工业企业和供暖单位的燃煤年使用总量为 277 270 t、天然气年使用总量为 1 362.684 万 $m^3$。

根据燃煤企业分类，供热单位燃煤量 231 050 t，占燃煤年使用总量的 83.3%；自供暖单位燃煤使用量为 2 180 t，占 0.8%；工业企业燃煤使用量为 44 042 t，占 15.9%，见图 6.10。

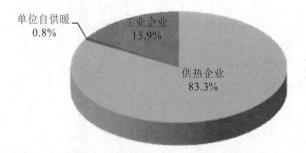

图 6.10　各类燃煤企业燃煤使用量占比

（2）污染物排放情况。

综合以上数据信息进行分析，该区域能源燃烧企业污染物排放量为 $PM_{10}$（可吸入颗粒物）254 t、$PM_{2.5}$（细颗粒物）172 t、$NO_x$（氮氧化物）1 165 t、$SO_2$（二氧化硫）260 t、VOCs（挥发性有机物）52 t、CO（一氧化碳）2 236 t。

（3）污染物排放时间分析。

采暖季（每年 11 月 15 日至次年 3 月 15 日）$PM_{10}$ 排放量为 201.15 t，占全年总排放量的 79%；$PM_{2.5}$ 排放量为 134.76 t，占 78%；$NO_x$ 排放量为 990 t，占 85%；$SO_2$ 排放量 221 t，占 85%；VOCs 排放量为 44 t，占 85%；CO 排放量为 1 958 t，占 88%。

由此可知，工业企业能源燃烧污染物排放主要集中在采暖季，污染物排放量高达全年总排放量的 78%～88%，见图 6.11。

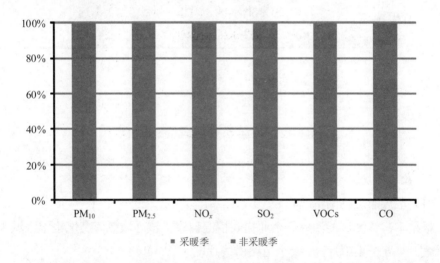

图 6.11　污染物排放时间特征

（4）污染物排放企业分布

燃煤企业污染物年排放量：$PM_{10}$ 为 253 t，占能源燃烧总排放量的 99.7%；$PM_{2.5}$ 为 172 t，占 99.8%；$NO_x$ 为 1 109 t，占 95.2%；$SO_2$ 为 260 t，占 100%；VOCs 为 50 t，占 95.7%；CO 为 2 218 t，占 99.2%。由此可见，能源燃烧污染物排放主要来自于工业企业燃煤燃烧排放。

在燃煤工业企业中，平均单位煤燃烧污染物排放主要集中在自取暖单位企业中，主要是因为自取暖单位锅炉无任何除尘、脱硫等污染物去除措施，虽然自取暖单位燃煤使用量较低，但其平均单位煤燃烧污染物排放量可高达供热企业的14倍左右，见图6.12。

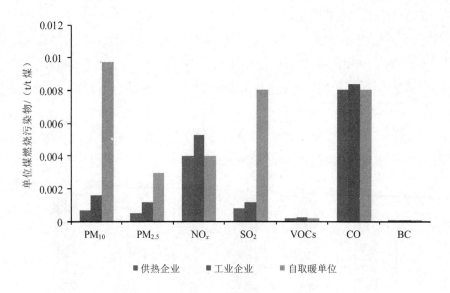

图6.12　单位煤燃烧污染物排放分布

2）散煤燃烧

（1）散煤燃烧范围情况。

根据本次该区域能源燃烧企业摸底情况调查，该区域散煤燃烧集中区域为：12个村庄、6个集中片区、3个道路沿线片区。

（2）散煤燃烧量。

散煤燃烧总量约为28 810 t，主要为居民冬季生活取暖用，其中城镇生活用煤为16 060 t，占散煤燃烧总量的55.7%；农村生活散煤燃烧量为12 750 t，占44.3%。

从散煤燃烧类型来看，主要为烟煤（见表 6.7），无烟煤使用量仅占散煤燃烧总量的 1.5%。调查发现，户民所用散煤和单位自用供暖锅炉所用燃煤均以烟煤为主，调查期间采集了 8 个煤样，经分析，煤样含硫量与无烟煤相比，超出无烟煤含硫量0.5～18倍。

表 6.7　该区域调查燃料煤质分析

| 用煤单位 | 煤质类型 | 灰分/% | 挥发分/% | 硫含量/% |
|---|---|---|---|---|
| 点位 1 | 烟煤 | 10.01 | 30.01 | 0.22 |
| 点位 2 | 烟煤 | 10.76 | 30.33 | 2.81 |
| 点位 3 | 煤球 | 21.92 | 12.98 | 0.80 |
| 点位 4 | 烟煤 | 4.84 | 34.07 | 0.43 |
| 点位 5 | 烟煤 | 29.51 | 10.82 | 0.62 |
| 点位 6 | 无烟煤 | 4.62 | 28.44 | 0.15 |
| 点位 7 | 烟煤 | 32.45 | 9.71 | 0.38 |

（3）散煤燃烧污染物排放。

综合以上数据信息进行分析，该区域散煤燃烧污染物排放量约为 $PM_{10}$ 249 t、$PM_{2.5}$ 193 t、$NO_x$ 50 t、$SO_2$ 226 t、VOCs 103 t、CO 4 070 t。

3）污染物总排放量

该区域能源燃烧污染物总排放量（包括企业能源燃烧排放、散煤燃烧排放）约为 $PM_{10}$ 503 t、$PM_{2.5}$ 365 t、$NO_x$ 1 215 t、$SO_2$ 486 t、VOCs 155 t、CO 6 306 t，见图 6.13。

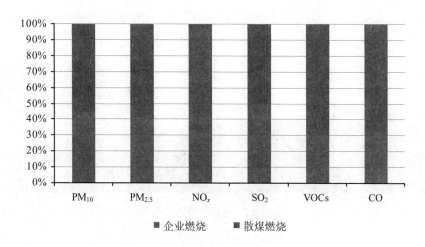

图 6.13　采暖季污染物排放部门分布

在采暖季，散煤燃烧 $PM_{10}$ 排放量约占该期间排放总量的 53%；$PM_{2.5}$ 59%；$NO_x$ 2%；$SO_2$ 50%；VOCs 70%；CO 68%；由此可见，除氮氧化物外，其他污染

物排放主要来自散煤燃烧。

**2. 扬尘源**

调查组对该区域涉及扬尘的污染源进行了排查，包括施工工地、裸露地面、道路扬尘和工业企业堆场料场。

1）施工工地扬尘

此次共调查施工工地 38 家，按施工阶段分，处于土方开挖建设阶段的 5 家，占 13.2%，地基建设与拆迁阶段的 4 家，占 10.5%，主体建设阶段的 14 家，占 36.8%，装修阶段的 3 家，占 7.9%，配套建设阶段的 12 家，占 31.6%；按施工面积分，小于 5 万 $m^2$ 的 15 家，占 39.5%，5 万～10 万 $m^2$ 的 15 家，占 39.5%，10 万 $m^2$ 以上的 8 家，占 21.0%。

经测算，38 家建筑工地 $PM_{10}$ 年排放量为 893 t，$PM_{2.5}$ 年排放量为 183 t。经分析，处于土方开挖建设阶段的工地扬尘排放严重，其他阶段的排放程度则与施工面积、采取措施等有关。

调查发现，该区域施工工地管理普遍较差，存在未湿法作业、裸露地表未苫盖、进出车辆未冲洗、主要道路未硬化，甚至部分工地未加设围挡等基础设施，执行"5 个 100%"严重不到位。典型工地现场见图 6.14。

图 6.14　典型工地现场图

2）裸露地面扬尘

此次共调查裸露地面 23 块，按土地利用类型分，荒地 2 块，占 8.7%，未硬化或绿化空地 21 块，占 91.3%。

经测算，裸露地面 $PM_{10}$ 年排放量为 956 t，$PM_{2.5}$ 年排放量为 192 t。该区域裸地较为集中，且控尘措施普遍不到位，土堆未苫盖或苫盖不完全的现象较为突出。部分裸地存在时间较长，已逐渐成为固体垃圾倾倒场所；部分裸地呈区域状，面积较大但控尘措施不到位。典型裸地现场见图 6.15。

图 6.15　典型裸地现场图

3）道路扬尘

根据该区域路网情况，调查组采取典型路段实测和由交通部门提供数据相结合的形式，对该区域 22 条主要道路进行了扬尘排放调查及测算，涉及道路总长度120 km。22 条道路中，客车日均车流量为 57.3 万辆，其中小型客车 45.3 万辆、中型客车 7.7 万辆、大型客车 4.3 万辆；货车日均车流量为 16.9 万辆，其中小型货车 6.6 万辆、中型货车 4.8 万辆、大型货车 5.5 万辆。

经测算，22 条道路扬尘 $PM_{10}$ 年排放量为 1 320 t，$PM_{2.5}$ 年排放量为 320 t，排放量在 4 种涉及扬尘排放的污染源中占比最高。其中有 5 条道路扬尘排放较多，约占总排放量的 89%。

调查发现，该区域路面保洁及洒水次数较少；部分路段上出现渣土车未苫盖就上路的情况；部分路段两侧在进行的地砖铺设工作尽管已停工，但现场控尘措施不到位；部分路段路面损毁严重，扬尘排放较大。典型道路现场见图 6.16。

图 6.16　典型道路现场图

4）堆场料场扬尘

此次共调查工业企业堆场料场 14 家，主要存储物料为燃煤，有 4 家为封闭型，占 28.6%，其余为开放型。

经测算，14 家堆场料场 $PM_{10}$ 年排放量约为 34 t，$PM_{2.5}$ 年排放量约为 8 t，排放量在 4 种涉及扬尘排放的污染源中占比最低。

该区域堆场料场总体管理较好，多数煤场建设了防风网或进行了苫盖，但在煤场装卸过程中，扬尘排放量较大。该区域某供热站燃煤装卸情况见图 6.17。

图 6.17　该区域某供热站燃煤装卸情况

### 3. 工业源

1）工艺生产过程源

工艺过程源包括所有在工业生产过程中，由于原料发生物理或化学变化，而向大气排放污染物的工业行为。工业过程源种类繁多、排放特征极为复杂，且一般属于无组织排放，排放点源极为分散。不同行业生产采用的原辅材料不同，导致其排放的污染物种类也不尽相同。

本次工艺过程源调查包括数据调研和现场实地排查两部分，通过调研《2014年环境统计年鉴》及"污染源排污申报统计系统"建立该区域工业企业基础数据库，并对重点行业企业开展实地排查进行核实和补充，特别是针对涉 **VOCs** 排放行业企业开展重点调查。

本次工艺过程源调查共覆盖 129 家工业企业，行业主要涉及：电气机械及器材制造业、纺织及皮革制品制造业、非金属矿物制品制造业、橡胶及塑料制品制造业、通用专用设备制造业、化学制品制造业、交通运输设备制造业、金属制品制造业、食品及农副食品加工业、医药制造业、酿酒业、有机化学原料制造业、纸制品及木制品制造业等。

经测算，该区域工艺过程源，PM、$PM_{10}$、$PM_{2.5}$、VOCs、$SO_2$、$NO_x$ 的年排放量分别为 63.4 t、45.2 t、25.2 t、320.7 t、22.7 t 和 259.2 t。其中，颗粒物、挥发性有机物、氮氧化物为区域内工业过程源主要排放污染物。

颗粒物及氮氧化物排放主要集中于非金属矿物制品制造业，产品生产包括水泥及相关产品生产和玻璃制品制造。其中，水泥及相关产品生产颗粒物排放来源于原料粉磨工艺，玻璃制品制造颗粒物、氮氧化物排放来源于玻璃窑玻璃烧制过程。

调查发现，该区域传统重型化工行业分布较少，挥发性有机物排放主要分布于橡胶及塑料制品制造业、涂料制造业、纺织品制造业三类末端化工产品制造行业。

橡胶及塑料制品制造业在该区域分布较为广泛，产品涵盖：橡胶零件、工程塑料、玻纤增强塑料（玻璃钢）、海绵、泡沫塑料、塑料零件、塑料日用品等。在塑料产品的挤出工艺、发泡工艺及橡胶产品的成型工艺中，均不可避免地会产生挥发性气体。挥发性有机物处理设施配备方面良莠不齐，部分大型企业为工艺节点及车间均装备了较为先进的挥发性有机物处理设施，而小型企业则处理设施运行维护较差或无废气处理设施。整体来看，橡胶及塑料制品制造业企业车间废气收集处理设施配置及运行情况较差，无组织排放较为严重。该区域橡胶及塑料制品制造业生产及污染治理情况见图 6.18。

（a）塑料生产车间　　　　　　　　　（b）开车预热阶段 VOCs 排放

（c）废气治理设施

**图 6.18　橡胶及塑料制品制造业生产及污染治理情况**

区域内涂料制造业多为小型企业，无树脂合成工艺，多数均以外购树脂为原料经搅拌混合生产涂料产品，涂料产品种类涵盖：丙烯酸树脂涂料、聚氨酯涂料、异氰酸酯固化剂及水性涂料等。涂料生产中涉及正丁醇、丙二醇、苯、甲苯、二甲苯等多种易挥发性有机溶剂的使用，非全封闭生产环境下，车间需配备收集处理装置以降低 VOCs 无组织排放污染，而调查发现部分涂料生产企业并未配备废气处理装置，车间气体直接由排风口外排，无组织排放较为严重。该区域涂料制造业生产及污染治理情况见图 6.19。

（a）无废气收集处理设施涂料生产车间

（b）配备废气收集处理设施涂料生产车间

**图 6.19　涂料制造业生产及污染治理情况**

　　纺织品制造业主要包括纱、布、地毯等产品的生产，纺织品纺织染整及后整理工艺中伴随有挥发性有机物产生，传统纺织工艺中挥发性有机物种类包括甲醛、苯及其他苯系物等。本次调查的纺织品制造业企业中车间均未安装废气收集处理设施，车间无组织排放气体均直接外排。

　　2）工业有机溶剂使用源

　　工业有机溶剂使用源泛指在工业生产过程中，由于所使用的涂料、黏合剂等有机溶剂的挥发而导致 VOCs 排放的工业企业污染源。不同行业由于生产工艺的不同，所使用的有机溶剂在类型、使用量及污染物排放水平方面都存在着较大差异。本次调查工业溶剂使用源部分共覆盖 97 家工业企业。

经测算，该区域溶剂使用源 VOCs 年排放量为 639.4 t。工业企业溶剂使用 VOCs 排放主要集中在表面涂装工艺及医药制造业，涂装工艺主要包含于金属制品、金属结构、金属门窗、乐器、通用专用设备的制造过程中。其中，金属及设备表面涂装多数采用粉末静电喷涂，此类工艺排放 VOCs 较少且收集处理较为方便。而木制品表面涂装方面仍旧使用传统喷漆工艺，涂装过程中使用大量涂料及稀释剂，产生大量 VOCs 排放，且部分企业并未设置专业的封闭式烤漆室；部分烤漆室虽配备收集处理装置，然而处理设施技术滞后且运维不到位，VOCs 无组织排放较为严重。该区域表面涂装工艺生产及污染治理情况见图 6.20。

（a）设备制造粉体喷涂　　　　　　　　　　　（b）木制品烤漆室（非封闭）

**图 6.20　表面涂装工艺生产及污染治理情况**

医药制造业方面，区域内药企生产活动多数为中成药生产及化学药品制剂，无从事化学原料药制造的企业。此类企业在药物萃取及制剂工艺中存在 VOCs 排放，但该类工艺多为封闭式操作，且处理设施相对较为完善。

### 4．移动源

1）道路移动源

道路移动源，主要是排放大气污染物的所有道路交通运输设备。道路移动源包括道路行驶的客车、货车、三轮车以及摩托车。

本次重点调查该区域 22 条主要道路。纳入本次调查的车辆类型包括小型客车、中型客车、大型客车、小型货车、中型货车、大型货车、三轮车和摩托车。

纳入本次调查的道路总长度为 120.28 km，车型占比最高的三类车型是小型客车（65.71%）、中型客车（9.09%）、小型货车（7.47%）。具体道路和车辆信息见表 6.8。车型分布情况见图 6.21。

表 6.8　本次调查的道路及车流量信息　　　　　　　　单位：辆/a

| 道路名称 | 长度/km | 小型客车 | 中型客车 | 大型客车 | 小型货车 | 中型货车 | 大型货车 | 三轮车 | 摩托车 |
|---|---|---|---|---|---|---|---|---|---|
| 道路 1 | 5.7 | 9 285 600 | 1 292 830 | 1 643 960 | 1 212 165 | 1 474 965 | 932 210 | 6 205 | 16 060 |
| 道路 2 | 11.9 | 45 808 595 | 3 579 555 | 2 020 275 | 3 843 815 | 3 195 940 | 3 807 315 | 5 475 | 7 665 |
| 道路 3 | 6.2 | 2 961 336 | 99 900 | 35 368 | 227 413 | 131 856 | 24 199 | 6 825 | 1 241 |
| 道路 4 | 5.8 | 6 038 560 | 213 525 | 513 190 | 1 188 075 | 563 925 | 177 025 | 5 475 | 7 300 |
| 道路 5 | 4.5 | 6 965 660 | 450 775 | 148 920 | 144 175 | 141 255 | 44 530 | 4 015 | 6 205 |
| 道路 6 | 5.4 | 7 462 425 | 1 103 030 | 458 075 | 2 144 375 | 180 675 | 359 525 | 7 665 | 6 570 |
| 道路 7 | 10.7 | 9 976 910 | 2 133 060 | 136 875 | 388 725 | 210 970 | 494 575 | 6 570 | 2 920 |
| 道路 8 | 12.4 | 10 487 180 | 4 311 015 | 3 625 180 | 4 416 500 | 3 227 330 | 2 684 940 | 7 300 | 5 840 |
| 道路 9 | 4.5 | 7 093 045 | 416 830 | 129 575 | 155 855 | 163 520 | 50 005 | 4 380 | 6 935 |
| 道路 10 | 4.2 | 3 811 695 | 363 175 | 150 015 | 146 730 | 155 855 | 74 825 | 5 110 | 5 475 |
| 道路 11 | 3.2 | 3 483 925 | 117 530 | 41 610 | 267 545 | 155 125 | 28 470 | 8 030 | 1 460 |
| 道路 12 | 1.9 | 3 414 247 | 115 179 | 40 778 | 262 194 | 152 023 | 27 901 | 7 869 | 1 431 |
| 道路 13 | 5.7 | 6 221 060 | 563 925 | 359 525 | 369 015 | 359 525 | 101 470 | 4 015 | 3 650 |
| 道路 14 | 5.6 | 6 407 210 | 1 151 575 | 746 060 | 209 875 | 159 505 | 202 210 | 3 650 | 4 015 |
| 道路 15 | 3.9 | 6 878 060 | 434 350 | 439 095 | 359 525 | 85 045 | 112 420 | 5 475 | 5 110 |
| 道路 16 | 5.0 | 6 772 210 | 381 060 | 100 375 | 117 165 | 129 575 | 5 475 | 8 760 | 4 015 |
| 道路 17 | 2.6 | 3 135 532 | 105 777 | 37 449 | 240 790.5 | 139 612.5 | 25 623 | 7 227 | 1 314 |
| 道路 18 | 2.4 | 3 483 925 | 117 530 | 41 610 | 267 545 | 155 125 | 28 470 | 8 030 | 1 460 |
| 道路 19 | 2.0 | 3 309 728 | 111 653 | 39 529 | 254 167 | 147 368 | 27 046 | 7 628 | 1 387 |
| 道路 20 | 4.5 | 3 811 695 | 363 175 | 150 015 | 146 730 | 155 855 | 74 825 | 5 110 | 5 475 |
| 道路 21 | 1.4 | 5 632 680 | 56 575 | 28 470 | 5 475 | 26 280 | 1 095 | 7 665 | 2 555 |
| 道路 22 | 10.5 | 12 972 100 | 6 769 655 | 4 494 975 | 3 568 240 | 3 828 120 | 7 500 750 | 0 | 0 |

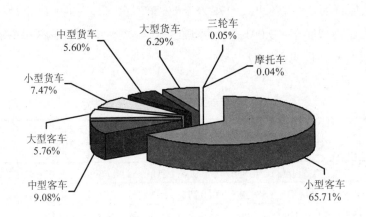

图 6.21　车型分布

2）道路移动源污染物排放量

道路移动源排放量计算公式如下：

$$Q_{i,j}^{p} = \sum_{c} \mathrm{EF}_{c,v}^{p} \times VT_{c,i,j} \times L_i \qquad (6\text{-}1)$$

式中：$Q_{i,j}^{p}$——时间段 $j$ 机动车污染物 $p$ 在道路 $i$ 的排放量，g/h；

$\mathrm{EF}_{c,v}^{p}$——$c$ 类机动车污染物 $p$ 在速度 $v$ 下的排放因子，g/（km·辆）；

$VT_{c,i,j}$——机动车在时间段 $j$ 内在道路 $i$ 的车流量，辆/h；

$L_i$——道路 $i$ 的长度，km。

本次道路移动源的调查考虑的污染物主要是 $CO$、$NO_x$、$SO_2$、$NH_3$、VOCs、$PM_{2.5}$、$PM_{10}$，依据《区域大气污染物排放清单编制技术手册》中推荐的道路移动源各污染物的排放因子，计算道路机动车各污染物的排放量，计算结果见表 6.9。

表 6.9　纳入统计的各道路污染物排放量　　　　　　单位：t/a

| 道路名称 | CO | $NO_x$ | $SO_2$ | $NH_3$ | VOCs | $PM_{2.5}$ | $PM_{10}$ |
|---|---|---|---|---|---|---|---|
| 道路 1 | 255.67 | 165.07 | 3.95 | 2.06 | 35.37 | 7.95 | 8.81 |
| 道路 2 | 1 193.02 | 759.53 | 23.71 | 17.43 | 162.26 | 33.77 | 37.27 |
| 道路 3 | 32.38 | 14.23 | 0.44 | 0.52 | 4.33 | 0.65 | 0.71 |

| 道路名称 | CO | NO$_x$ | SO$_2$ | NH$_3$ | VOCs | PM$_{2.5}$ | PM$_{10}$ |
|---|---|---|---|---|---|---|---|
| 道路 4 | 91.89 | 56.97 | 1.53 | 1.13 | 13.13 | 2.59 | 2.86 |
| 道路 5 | 60.76 | 17.86 | 0.66 | 0.90 | 6.96 | 0.78 | 0.85 |
| 道路 6 | 158.84 | 83.31 | 1.89 | 1.40 | 23.39 | 3.68 | 4.05 |
| 道路 7 | 274.27 | 123.38 | 4.03 | 3.51 | 32.69 | 5.20 | 5.72 |
| 道路 8 | 1 019.65 | 833.18 | 20.82 | 7.38 | 149.10 | 38.60 | 42.73 |
| 道路 9 | 60.42 | 19.10 | 0.67 | 0.91 | 7.13 | 0.85 | 0.93 |
| 道路 10 | 45.44 | 17.49 | 0.48 | 0.49 | 5.75 | 0.84 | 0.93 |
| 道路 11 | 19.71 | 8.67 | 0.27 | 0.32 | 2.64 | 0.39 | 0.43 |
| 道路 12 | 11.70 | 5.14 | 0.16 | 0.19 | 1.57 | 0.23 | 0.26 |
| 道路 13 | 85.34 | 40.15 | 1.20 | 1.11 | 10.54 | 1.86 | 2.05 |
| 道路 14 | 160.50 | 57.28 | 1.46 | 1.22 | 18.73 | 2.75 | 3.03 |
| 道路 15 | 67.45 | 24.01 | 0.68 | 0.80 | 7.80 | 1.08 | 1.19 |
| 道路 16 | 62.53 | 17.69 | 0.63 | 0.95 | 7.22 | 0.79 | 0.87 |
| 道路 17 | 14.52 | 6.38 | 0.20 | 0.23 | 1.94 | 0.29 | 0.32 |
| 道路 18 | 14.99 | 6.59 | 0.20 | 0.24 | 2.01 | 0.30 | 0.33 |
| 道路 19 | 11.50 | 5.06 | 0.16 | 0.19 | 1.54 | 0.23 | 0.25 |
| 道路 20 | 48.45 | 18.65 | 0.51 | 0.52 | 6.13 | 0.90 | 0.99 |
| 道路 21 | 8.63 | 1.82 | 0.10 | 0.21 | 0.86 | 0.05 | 0.06 |
| 道路 22 | 1 410.42 | 990.84 | 27.94 | 8.60 | 193.26 | 45.61 | 50.57 |
| 总计 | 5 108.09 | 3 272.42 | 91.68 | 50.33 | 694.32 | 149.41 | 165.21 |

由表 6.9 可知，该区域道路移动源的排放情况为：CO 的排放量为 5 108.09 t，NO$_x$ 的排放量为 3 272.42 t，SO$_2$ 的排放量为 91.68 t，NH$_3$ 的排放量为 50.33 t，VOCs 的排放量为 694.32 t，PM$_{2.5}$ 的排放量为 149.41 t，PM$_{10}$ 的排放量为 165.21 t。

### 5．非道路移动源

非道路移动机械指装配有发动机的，既能自驱动又能进行其他功能操作的机械（或者不能自驱动，但被设计成能够从一个地方移动或被移动到另一个地方）和不以道路客运或货运为目的的车辆。在本次调查中，非道路移动源主要涉及农业机械和工厂企业内的工程机械（主要指叉车）。

在本次调查中，农业机械涉及的机械类型有大中型拖拉机、小型拖拉机和联合收割机（见表 6.10）。其中，大中型拖拉机的保有量共有 190 台，燃料年消耗量为 1 520 t；小型拖拉机的保有量共有 76 台，燃料年消耗量为 152 t；联合收割机的保有量共有 37 台，燃料年消耗量为 129.5 t。工程机械主要调查的是工业企业中使用的燃油叉车，共涉及 66 家企业 371 辆叉车。

表 6.10    农业机械保有量和燃料消耗量

| 街镇 | 农业机械类型 | 保有量/台 | 燃料年消耗量/（t/a） |
|------|--------------|-----------|----------------------|
| 街镇 1 | 大中型拖拉机 | 65 | 520 |
|        | 小型拖拉机   | 26 | 52 |
|        | 联合收割机   | 8  | 28 |
| 街镇 2 | 大中型拖拉机 | 12 | 96 |
|        | 小型拖拉机   | 8  | 16 |
|        | 联合收割机   | 3  | 10.5 |
| 街镇 3 | 大中型拖拉机 | 49 | 392 |
|        | 小型拖拉机   | 9  | 18 |
|        | 联合收割机   | 9  | 31.5 |
| 街镇 4 | 大中型拖拉机 | 38 | 304 |
|        | 小型拖拉机   | 16 | 32 |
|        | 联合收割机   | 16 | 56 |
| 街镇 5 | 大中型拖拉机 | 26 | 208 |
|        | 小型拖拉机   | 17 | 34 |
|        | 联合收割机   | 1  | 3.5 |

表 6.11 是非道路移动源的排放清单，从表中可以看出，非道路移动源排放情况如下：$SO_2$ 的排放量为 2.17 t，CO 的排放量为 89.65 t，VOCs 的排放量为 15.84 t，$NO_x$ 的排放量为 146.7 t，$PM_{10}$ 的排放量为 9.77 t，$PM_{2.5}$ 的排放量为 4.82 t。其中，农业机械的 $SO_2$、CO、VOCs、$NO_x$、$PM_{10}$、$PM_{2.5}$ 的所占比例依次为 58.06%、58.07%、38.32%、64.13%、69.19%、40.66%。

表 6.11　非道路移动源污染物排放清单　　　　　　　　　单位：t/a

| 行政区划 | | SO₂ | CO | VOCs | NOₓ | PM₁₀ | PM₂.₅ |
|---|---|---|---|---|---|---|---|
| 农业机械 | 街镇 1 | 0.27 | 11.33 | 1.32 | 20.35 | 1.48 | 0.43 |
| | 街镇 2 | 0.31 | 12.76 | 1.49 | 23.06 | 1.63 | 0.48 |
| | 街镇 3 | 0.09 | 3.54 | 0.41 | 6.39 | 0.47 | 0.13 |
| | 街镇 4 | 0.17 | 7.09 | 0.83 | 12.88 | 0.93 | 0.27 |
| | 街镇 5 | 0.42 | 17.34 | 2.02 | 31.40 | 2.25 | 0.65 |
| | 小计 | 1.26 | 52.06 | 6.07 | 94.08 | 6.76 | 1.96 |
| 工程机械 | | 0.91 | 37.59 | 9.77 | 52.62 | 3.01 | 2.86 |
| 总计 | | 2.17 | 89.65 | 15.84 | 146.7 | 9.77 | 4.82 |

### 6. 其他排放源

#### 1）存储与运输源

存储与运输源排放包括含有机溶剂产品在生产和流通过程中，在工厂、产品中转站和销售终端三个物流节点的存储和运输环节，由于产品本身固有的特性和受周围环境的影响，所产生并排放的 VOCs。

针对此类源共调查获取区域内 1 家含储罐企业和 24 家加油站，其中，储罐 VOCs 排放来源于物料装卸过程的"大呼吸"排放和受环境温度变化的"小呼吸"排放。该区域存储与运输源调查情况见图 6.22。经测算，该区域存储与运输源 VOCs 年排放量为 43 t。

经调查，储罐存储源未安装油气平衡系统且储罐维护状况较差，造成物料装卸过程、存储过程中不必要的 VOCs 排放；本次调查的区域内 24 家加油站均配置了卸油油气回收系统和加油油气回收系统，可有效减少油气损失，并减少 VOCs 排放。

（a）企业立式拱顶罐储罐　　　　　　（b）装备油气回收系统加油站

图 6.22　存储与运输源调查情况

2）其他溶剂使用源

本次调查其他溶剂使用源部分为除工业企业外的生活溶剂使用源，包括 65 家汽修店和 20 家干洗店。经测算，该区域其他溶剂使用源 VOCs 年排放量为 10.7 t。其中，汽修店 VOCs 年排放量为 1.7 t，干洗店 VOCs 年排放量为 9.0 t。

汽修店溶剂使用主要集中于喷漆工艺，本次调查的 65 家企业均配置了烤漆室，且根据条件安装了废气收集处理设施，VOCs 排放控制措施较好。该区域汽修店喷漆及污染治理情况见图 6.23。

（a）汽修店烤漆室　　　　　　　　（b）汽修店废气处理设施

**图 6.23　汽修店喷漆及污染治理情况**

干洗店 VOCs 排放主要来源于三氯乙烯/四氯乙烯类有机干洗剂的使用，目前未配置针对此类排放源的处理设施，但此类源分布相对较少且溶剂使用量较少，环境污染影响较小。

3）餐饮源

餐饮业在第三产业服务业中一直占据有重要位置，大部分餐饮企业位于人口密度高的生活区或商业区，一直以来是关注的热点。餐饮源主要包括两大块，一是家庭居民生活，二是社会餐饮服务业，包括各类火锅店、烧烤店、快餐店、小吃店等以及大型宾馆酒店、学校、大型医院等地点的内部就餐场所。

在本次调查中，涉及的社会餐饮店共 1 208 家，灶头数为 5 207 个；家庭居民餐饮中，共涉及 47 860 户家庭。

表 6.12 是餐饮源的排放清单，由表可知，餐饮中污染物的排放情况为：VOCs的排放量为 49.99 t，$PM_{2.5}$ 的排放量为 57.13 t，$PM_{10}$ 的排放量为 71.41 t。其中，社会餐饮的贡献率为 65.26%，是相对较大的排放源。

表 6.12　餐饮源排放量　　　　单位：t/a

| 餐饮类别 | VOCs | $PM_{2.5}$ | $PM_{10}$ |
|---|---|---|---|
| 社会餐饮 | 32.62 | 37.28 | 46.60 |
| 家庭居民餐饮 | 17.37 | 19.85 | 24.81 |
| 合计 | 49.99 | 57.13 | 71.41 |

4）农牧源

农牧源包括农业和畜牧业两大排放源，其排放过程与农业和畜牧业的生产活动息息相关。氮肥施用是农业生产过程中一个非常关键的环节。肥料在施用、与土壤混合发挥肥效以及施肥结束后很长一段时间都有可能产生大气污染物，其中以氨排放为主。畜牧业的污染物排放主要来自畜禽在放牧和圈养过程中产生的排泄物，如粪便、尿液及两者混合的泥浆等，其排放强度与畜禽的类型有着密切的关系。

5）生物质燃烧源

生物质燃烧在国内普遍存在，尤其在广大农村及偏远地区。生物质燃烧演变为大气颗粒物和温室气体的一个重要来源，其可产生出全球颗粒物排放量的 7%左右的大气颗粒物。生物质燃烧是指有机物中除去化石燃料以外的来源于动、植物且能再生的所有生物质的燃烧。日常生活中常见的生物质燃烧包括农业废弃物、林木废弃物（林枝叶、林木片以及林木屑等）、水生植物、有机物加工废料、人畜粪便、油料植物以及区域生活垃圾等的燃烧。生物质易燃的主要原因是生物质中含有易燃的一个部分，主要是木质素、纤维素以及半纤维素，它们在燃烧过程中开始产生挥发性物质，然后逐渐被炭化，易燃部分中的木质素在燃烧过程中会降解生成酚类等物质，纤维素以及半纤维素类会发生热降解，进而产生糖类。生物质极其易燃，其燃烧的形式也是有很多形式的。根据生物质燃烧特点，可将生物质燃烧分为生物质锅炉、户用生物质炉具和生物质开放燃烧三个大类。生物质燃烧源排放量见表 6.13。

表 6.13    生物质燃烧源排放量                        单位：t/a

| 区县 | SO$_2$ | NO$_x$ | NH$_3$ | CO | VOCs | PM$_{10}$ | PM$_{2.5}$ |
|------|--------|--------|--------|-------|-------|-------|--------|
| 街镇 1 | 1.00 | 1.91 | 0.59 | 58.20 | 7.78 | 8.23 | 7.85 |
| 街镇 2 | 0.05 | 0.10 | 0.03 | 2.73 | 0.42 | 0.44 | 0.42 |
| 街镇 3 | 0.55 | 0.78 | 0.14 | 39.25 | 3.06 | 3.04 | 2.91 |
| 总计 | 1.60 | 2.79 | 0.76 | 100.18 | 11.25 | 11.71 | 11.18 |

6）废弃物处理源

在废水处理、固体填埋和焚烧的过程也会有污染物的产生，比如氨气、VOCs 的产生，在本次调查过程中，涉及的废弃物处理源主要有 1 家工业废物处理有限公司和 1 家污水处理有限公司。两家企业排放的污染主要有氨和 VOCs，其中，工业废物处理有限公司在废弃物处理过程中排放氨为 0.019 kg，排放 VOCs 为 7.08 kg；污水处理有限公司在废弃物处理过程中，排放氨为 3.69 t，排放 VOCs 为 12.60 t。

7）天然源

天然源主要是指由于植被与土壤、海洋自发过程，或者火山地质活动以及闪电等气象因素而排放大气污染物的活动。大气中 VOCs 天然来源主要包括海洋和淡水、土壤和沉积物、微生物分解有机物、地质烃库、植物叶面排放以及人类影响的农作物收割和燃烧等六大类，其中，除植物叶面排放外，其他几类贡献小且不确定性因素较多，基本可以忽略。

天然源排放 VOCs 可以作为该区域 VOCs 的背景值进行了解，在本次调查中，该区域天然源 VOCs 排放量为 37.73 t。

## 7. 区域污染物排放总量

根据大气污染源排放清单体系对调查情况进行测算汇总，该区域污染物年排放总量为：$PM_{10}$ 4 009 t、$PM_{2.5}$ 1 315 t、$NO_x$ 4 896 t、$SO_2$ 605 t、VOCs 2 043 t、CO 11 620 t。其中，颗粒物排放主要分布于扬尘源，氮氧化物排放主要分布于道路移动源和燃烧源，二氧化硫排放主要分布于燃烧源，挥发性有机物排放主要分布于工业企业和道路移动源，一氧化碳排放主要分布于燃烧源和道路移动源。

根据大气污染源排放清单体系测算，该区域供暖期间污染物排放总量为：$PM_{10}$ 1 502 t、$PM_{2.5}$ 612 t、$NO_x$ 1 960 t、$SO_2$ 476 t、VOCs 619 t、CO 7 299 t。其中，$PM_{2.5}$、$NO_x$、$SO_2$、CO 供暖期排放量分别占全年排放量达 47%、40%、79%、63%，供暖期污染排放对环境影响极大，见表 6.14、表 6.15。

表 6.14　该区域大气污染物年排放量　　　　　　　　单位：t

| 污染源类别 | $PM_{10}$ | $PM_{2.5}$ | $NO_x$ | $SO_2$ | VOCs | CO | $NH_3$ |
|---|---|---|---|---|---|---|---|
| 锅炉燃烧源 | 254 | 172 | 1 165 | 260 | 52 | 2 236 | — |
| 散煤燃烧源 | 249 | 193 | 50 | 226 | 103 | 4 070 | — |
| 扬尘源 | 3 203 | 703 | — | — | — | — | — |
| 工业源 | 45 | 25 | 259 | 23 | 1 009 | — | — |
| 道路移动源 | 165 | 149 | 3 272 | 92 | 694 | 5 108 | 50 |
| 非道路移动源 | 10 | 5 | 147 | 2 | 16 | 90 | — |
| 存储与运输源 | — | — | — | — | 43 | — | — |
| 其他溶剂使用源 | — | — | — | — | 11 | — | — |
| 餐饮源 | 71 | 57 | — | — | 50 | — | — |
| 农牧源 | — | — | — | — | — | — | 238 |
| 生物质燃烧 | 12 | 11 | 3 | 2 | 14 | 116 | 1 |
| 废弃物处理源 | — | — | — | — | 13 | — | 4 |
| 天然源 | — | — | — | — | 38 | — | — |
| 总计 | 4 009 | 1 315 | 4 896 | 605 | 2 043 | 11 620 | 293 |

表 6.15　该区域大气污染物供暖期间排放量　　　　　　单位：t

| 污染源类别 | $PM_{10}$ | $PM_{2.5}$ | $NO_x$ | $SO_2$ | VOCs | CO | $NH_3$ |
|---|---|---|---|---|---|---|---|
| 锅炉燃烧源 | 216 | 146 | 990 | 221 | 44 | 1 901 | — |
| 散煤燃烧源 | 249 | 193 | 50 | 226 | 103 | 4 070 | — |
| 扬尘源 | 961 | 211 | — | — | — | — | — |

| 污染源类别 | $PM_{10}$ | $PM_{2.5}$ | $NO_x$ | $SO_2$ | VOCs | CO | $NH_3$ |
|---|---|---|---|---|---|---|---|
| 工业企业源 | 11 | 6 | 65 | 6 | 252 | — | — |
| 道路移动源 | 41 | 37 | 818 | 23 | 174 | 1 277 | 13 |
| 非道路移动源 | 2 | 1 | 37 | 1 | 4 | 23 | — |
| 存储与运输源 | — | — | — | — | 11 | — | — |
| 其他溶剂使用源 | — | — | — | — | 3 | — | — |
| 餐饮源 | 18 | 14 | — | — | 13 | — | — |
| 农牧源 | — | — | — | — | — | — | 60 |
| 生物质燃烧 | 3 | 3 | 1 | — | 4 | 29 | — |
| 废弃物处理源 | — | — | — | — | 3 | — | 1 |
| 天然源 | — | — | — | — | 10 | — | 0 |
| 总计 | 1 501 | 611 | 1 961 | 477 | 621 | 7 300 | 74 |

## 6.4 典型源类影响评估

根据污染源调查结果,评估该区域典型监测点位 3 km 范围内主要存在散煤燃烧源、企事业单位固定燃烧源、工地堆场裸地扬尘源、道路交通源等四类污染源进行对监测点位的影响。利用 ADMS-EIA 模型模拟该区域典型污染源对该区域各项污染物浓度的贡献,评估上述四种典型源类对该区域空气质量的影响。

### 6.4.1 评估模型及参数选择

本次针对该区域典型监测点位周边典型污染源评估属于小区域散煤燃烧、固定燃烧源、扬尘以及道路交通的小范围环境影响评估,采用 ADMS-EIA 模型。

ADMS-EIA 是一个可综合处理多种类型污染源的系统,可同时模拟单个或多个工业源(包括点源、面源、线源、体源)、网格源和交通源,模拟区域内工业、居民生活和道路交通污染源产生的污染物在大气中的扩散。适用于建设项目环境影响评价、交通道路环境影响评价、区域规划政策环境影响评价、大气环境容量计算等项目。与其他应用于区域的大气扩散模型相比,ADMS 系列软件的一个显著区别是应用了基于 Monin-Obukhov 长度和边界层高度来对边界层结构进行参数化描述的最新物理知识，而其他模型则使用离散的 Pasquill 稳定度来定义边界层特征。在新的方法中，定义边界层结构的物理参数可通过测量直接得到，这样能更真实地表现出扩散过程随高度变化的特征，所得的污染物浓度预测结果通常更为精确和可信。

同时模型可与 ArcGIS、Suffer 等软件联用，导入数字地图、CAD 图片或航片图等作为底图，将项目计算结果在图形界面可视化，例如输出等值浓度图、叠加底图编辑生成模拟扩散图等。

### 1. 散煤燃烧模拟参数处理

对于散煤燃烧影响评估，利用等效排放原理进行模拟。散煤燃烧的特点是燃烧分散且每家排放强度均不同，综合考虑后采用等效排口法模拟。等效排口直径（$D$）采用如下公式计算：

$$D = 2 \times \sqrt{n \times r^2} \tag{6-2}$$

式中：$n$——取暖炉子台数；

　　　$r$——每家小锅炉排口半径，本次模拟取 $r = 5$ cm。

烟气排放速率选用经验值，对居民散煤燃烧采暖烟气排放速率取 0.6 m/s，对生产用散煤燃烧采暖烟气排放速率取 2.0 m/s。

各散煤燃烧点位污染源燃煤量数据经过折算后得到排放强度数据。

### 2. 燃煤锅炉及工业排放参数选择

集中供热的燃煤锅炉、工业企业的燃煤锅炉及其他工业排放相关参数选用本次污染源调查结果，无数据的选用 2014 年环统数据或使用同类型源类的经验参数。

### 3. 工地、堆场扬尘参数选择

相关工地、堆场面积根据实测结果或污染源核查清单确定，扬尘排放数据根据一般经验值确定。

### 4. 道路交通参数选择

对于道路交通影响评估，涉及的参数主要包括车型、每小时平均车流量、平均车速、道路宽度、窄谷高度、道路高程、排放标准等。其中，道路宽度、窄谷高度和道路高程根据实测结果确定，排放标准选用国Ⅴ排放标准，车型、车流量、车速数据选用本次污染源调查结果，无数据的选用同类型道路的一般经验值代替。

### 5. 气象条件选择

每类典型污染源均分长期、短期两种模式进行模拟。其中，长期模式下，选用 2015 年全年气象数据模拟污染源对点位全年的平均影响效果；短期模式下，选用极端不利气象条件模拟污染源对点位的影响，不利气象条件指边界层较低、湿度较大、风力较小且污染源处于监测点位上风向的情况。

## 6.4.2 散煤燃烧源

监测点位周边的散煤燃烧源主要集中在点位东部共 10 处居民聚集区和 3 个燃煤浴池。此类污染源主要排放 $SO_2$、$NO_x$、$CO$ 和烟（粉）尘等大气污染物。

根据本次污染源调查结果，计算散煤燃烧区域的燃煤量、各项污染物排放量等参数，使用 ADMS 模型评估周边燃烧散煤的低矮面源对监测点位空气质量的影响。具体结果见表 6.16。该区域散煤燃烧对周边环境空气影响见图 6.24。

表 6.16　典型监测点位周边散煤燃烧影响

| 项目 | $PM_{2.5}$ | $PM_{10}$ | $SO_2$ | $NO_2$ | $CO$ |
|---|---|---|---|---|---|
| 全年贡献 | 9.32 | 10.45 | 9.42 | 0.70 | 0.92 |
| 不利气象条件下 | 28.63 | 33.02 | 19.17 | 1.86 | 1.71 |

注：$CO$ 单位为 $mg/m^3$，其余污染物单位为 $\mu g/m^3$。

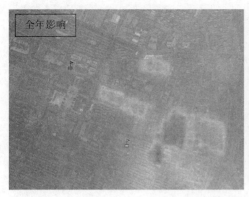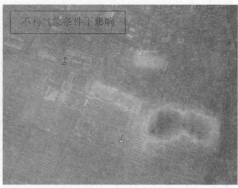

图 6.24 散煤燃烧对周边环境空气影响

### 6.4.3 固定燃烧源

监测点位周边主要存在三类固定燃烧源，一是集中供热燃煤锅炉，周边 3 km 范围内共 6 家 13 台锅炉；二是企业燃煤锅炉和企事业单位小型供热锅炉，周边 3 km 范围内共 20 家 23 台锅炉；三是企业燃气锅炉，共 13 家 22 台锅炉。燃煤污染源主要排放 $SO_2$、$NO_x$、CO 和烟（粉）尘等大气污染物，燃气污染源主要排放 $NO_x$、CO 和烟（粉）尘等大气污染物。

根据本次污染源调查结果，分别计算各类固定燃烧源的燃料消耗量以及各项污染物排放量等参数，使用 ADMS 模型评估各类固定燃烧源对该区域监测点位空气质量的影响。具体结果见表 6.17。该区域固定燃煤源对周边环境空气影响见图 6.25，固定燃气源对周边环境空气影响见图 6.26。

表 6.17 典型监测点位周边固定燃煤源影响

| 项目 | | $PM_{2.5}$ | $PM_{10}$ | $SO_2$ | $NO_2$ | CO |
|---|---|---|---|---|---|---|
| 集中供热锅炉 | 全年贡献 | 6.27 | 7.41 | 7.99 | 14.97 | 0.84 |
| | 不利气象条件下 | 20.71 | 26.41 | 20.14 | 38.97 | 1.56 |
| 小型供热锅炉 | 全年贡献 | 3.98 | 5.53 | 4.13 | 2.81 | 0.41 |
| | 不利气象条件下 | 12.27 | 20.07 | 9.14 | 5.87 | 0.71 |
| 燃气锅炉 | 全年贡献 | 0.48 | 0.31 | — | 2.14 | 0.06 |
| | 不利气象条件下 | 1.44 | 0.82 | — | 4.46 | 0.09 |

注：CO 单位为 $mg/m^3$，其余污染物单位为 $\mu g/m^3$；"—"表示无此指标。

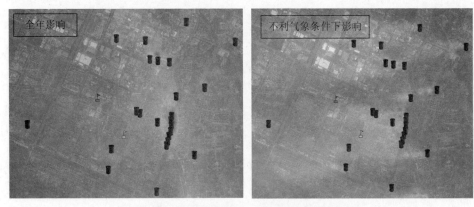

图 6.25 固定燃煤源对周边环境空气影响

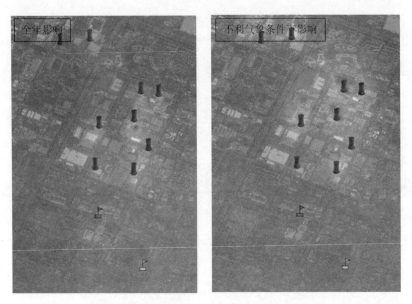

图 6.26 固定燃气源对周边环境空气影响

### 6.4.4 扬尘源

监测点位周边主要存在四类扬尘源，分别是施工工地、裸露地面、堆场料场以及交通道路扬尘。扬尘源主要排放 $PM_{2.5}$ 和 $PM_{10}$ 等污染物，特别是在大风天气，影响更大。

　　根据本次污染源调查结果，综合考虑扬尘源特点、面积、控尘措施等因素，分别计算各类扬尘源的起尘量参数，使用 ADMS 模型评估各类扬尘源对该区域监测点位颗粒物浓度的贡献。具体结果见表 6.18。该区域扬尘源对周边环境空气影响见图 6.27。

表 6.18　主要扬尘源对该区域监测点位颗粒物浓度贡献　　　　单位：$\mu g/m^3$

| 项目 | 年度影响 | | 不利气象条件下影响 | |
|---|---|---|---|---|
| | $PM_{2.5}$ | $PM_{10}$ | $PM_{2.5}$ | $PM_{10}$ |
| 施工工地 | 3.25 | 9.97 | 19.40 | 42.46 |
| 裸露地面 | 2.63 | 8.43 | 15.35 | 34.09 |
| 堆场料场 | 1.12 | 2.12 | 5.02 | 10.28 |
| 道路扬尘 | 2.23 | 8.79 | 25.53 | 47.14 |

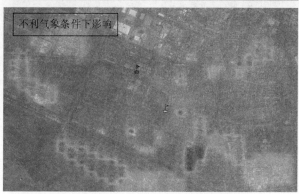

图 6.27　扬尘源对周边环境空气影响

### 6.4.5 移动源

由于地处该区域核心区域，该监测点周边除存在复杂路网上的机动车道路移动源外，还存在企业自用叉车、农用机械等非道路移动源。主要排放 $SO_2$、$NO_x$、CO 和颗粒物等大气污染物。

根据本次污染源调查结果，结合道路的车流量、车型、叉车工作时间等因素，使用 ADMS 模型评估两类主要移动源对该区域监测点位空气质量的影响。具体结果见表 6.19。该区域移动源对周边环境空气影响见图 6.28。

表 6.19　主要移动源对该区域监测点位空气质量影响

| 项目 | | $PM_{2.5}$ | $PM_{10}$ | $SO_2$ | $NO_2$ | CO |
|---|---|---|---|---|---|---|
| 道路移动源 | 全年贡献 | 13.61 | 15.76 | 5.13 | 12.16 | 0.81 |
| | 不利气象条件下 | 42.24 | 50.47 | 12.93 | 26.83 | 2.01 |
| 非道路移动源 | 全年贡献 | 0.52 | 0.65 | 0.11 | 0.47 | 0.01 |
| | 不利气象条件下 | 0.81 | 0.92 | 0.15 | 0.64 | 0.02 |

注：CO 单位为 $mg/m^3$，其余污染物单位为 $\mu g/m^3$。

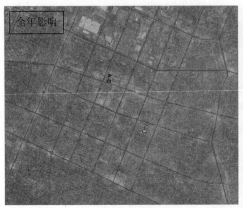
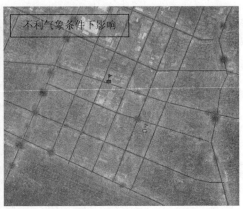

图 6.28　移动源对周边环境空气影响

### 6.4.6　整体评估分析

　　根据本次污染源调查结果以及 ADMS 模型评估结果，得出各类型污染源对该区域空气质量的整体贡献，见表 6.20。

表 6.20　典型污染源对该区域空气质量影响　　　　　单位：$\mu g/m^3$

| 污染源类 | | $PM_{2.5}$ | $PM_{10}$ | $SO_2$ | $NO_2$ | CO |
|---|---|---|---|---|---|---|
| 散煤燃烧源 | | 9.32 | 10.45 | 9.42 | 0.70 | 0.92 |
| 固定燃烧源 | 集中供热锅炉 | 6.27 | 7.41 | 7.99 | 14.97 | 0.84 |
| | 小型供热锅炉 | 3.98 | 5.53 | 4.13 | 2.81 | 0.41 |
| | 燃气锅炉 | 0.48 | 0.31 | — | 2.14 | 0.06 |
| | 小计 | 10.73 | 13.25 | 12.12 | 19.92 | 1.31 |
| 扬尘源 | 施工工地 | 3.25 | 9.97 | — | — | — |
| | 裸露地面 | 2.63 | 8.43 | — | — | — |
| | 堆场料场 | 1.12 | 2.12 | — | — | — |
| | 道路扬尘 | 2.23 | 8.79 | — | — | — |
| | 小计 | 9.23 | 29.31 | — | — | — |
| 移动源 | 道路移动源 | 13.61 | 15.76 | 5.13 | 12.16 | 0.81 |
| | 非道路移动源 | 0.52 | 0.65 | 0.11 | 0.47 | 0.01 |
| | 小计 | 14.13 | 16.41 | 5.24 | 12.63 | 0.82 |
| 该区域浓度 | | 68 | 108 | 32 | 43 | 3.8 |

注：表中所列各类型污染源包括该典型监测点位 6 km 范围内的主要污染源。

　　来源解析结果显示，该典型监测站周边 6 km 范围内主要污染源对颗粒物浓度贡献在 65%～72%，对气态污染物浓度贡献在 82%～88% 之间。各项污染物具体来源解析结果如下。

　　（1）$PM_{2.5}$ 的主要来源为：移动源，占 30%；固定燃烧源，占 23%；散煤燃烧源和扬尘源各占 20%；其他源占 7%。

　　（2）$PM_{10}$ 的主要来源为：扬尘源，占 39%；移动源，占 22%；固定燃烧源，占 18%；散煤燃烧源，占 14%；其他源占 7%。

　　（3）$SO_2$ 的主要来源为：固定燃烧源，占 43%；散煤燃烧源，占 34%；移动源，占 19%；其他源类占 4%。

（4）$NO_2$ 的主要来源为：固定燃烧源，占 57%；移动源，占 36%；散煤燃烧源，占 2%；其他源占 5%。

（5）CO 的主要来源依次为：固定燃烧源，占 41%；散煤燃烧源，占 28%；移动源，占 25%；其他源类占 6%。

## 6.5　问题及建议

### 6.5.1　主要问题

结合该区域实地调查及典型源类影响评估分析，调查区域内污染源主要问题为：

（1）采暖期燃煤污染显著。一是小锅炉污染严重。监测站周边 3 km 内有小锅炉较多，基本无净化设施；二是典型监测点周边散烧煤片区较大，3 km 内散烧煤片区约占总面积的 8%，而冬季空气质量较好的其他区域点位，只占 1.2%；使用煤质较差，经现场多个点位采样分析，含硫量平均为优质无烟煤的 5 倍，最高的达到 18 倍。

（2）扬尘污染不容忽视。一是施工工地及裸地数量多，管理水平不高。典型监测点周边 3 km 内，单位面积施工工地及裸地数量是全区域平均水平的 5 倍，80% 以上的工地执行"5 个 100%"不到位，70% 以上的裸地未苫盖绿化或苫盖绿化不完全。二是道路扬尘贡献较大。监测站周边路网密集，距离监测站较近的一些主要道路，日均车流量达 21.8 万辆，几乎是该区域其他监测站周边车流强度的 1.5～4 倍，车辆反复碾压造成大量扬尘污染。

（3）工业企业 VOCs 污染突出。呈现"数量多，距离近，治理差"的特点。在典型监测点周边 6 km 区域内，工业企业空间分布上集中在监测站西北部至东北部 2～5 km 范围内，且 60% 以上企业均涉及 VOCs 排放。调查发现，多家涂料制造企业无 VOCs 治理措施，多数企业治理技术落后，仍使用过滤棉过滤、水滤、活性炭等方法，且均未安装 VOCs 在线监测装置，缺乏有效监管。

（4）机动车污染不容忽视。机动车尤其是柴油车是造成扬尘污染和排放 $NO_x$、

VOCs 的主要污染源，经调查，典型监测点周边主要道路日均过境柴油车达 28.9 万辆，是该区域其他监测站周边过境柴油车辆的 2～5 倍。此外，随着该区域机动车保有量的不断增加，其污染物排放控制压力将持续加大。

## 6.5.2　对策及建议

### 1. 对策

（1）推进燃煤污染治理。一是加快改燃并网力度，尽快完成监测点周边小锅炉淘汰；对确需保留的进行深度治理并安装自动监控设施。二是加强散烧煤污染防治。近期严格落实无烟型煤的配送、存储和使用，确保辖区散煤用户逐一落实优质煤替代或煤改清洁能源。强化流通领域煤质管控，加大抽查频次和覆盖面，取缔非法售煤网点，严厉打击销售不符合国家和本区域规定标准燃煤及其制品的行为。主要出入口设置煤质监测站，查验运输煤炭车辆的煤质检验单等运营手续，检验煤质。远期推进区域改燃力度，优先实施问题片区改燃并网工作。

（2）加强扬尘污染监管。一是加强对建筑工地、物料堆场及裸地的监管，严格落实"5 个 100%"；规模以上工地、所有未封闭堆场全部安装扬尘在线监测系统，并建立超限报警及督查落实机制。二是加强道路遗撒管理。凡未安装密闭式运输装置、运送易扬尘物质的车辆禁止在区域道路上行驶。三是强化区域保洁扬尘控制，推行机械化湿式清扫作业，逐步提高主要街路机械化湿式清扫率，对未采取湿式清扫的街路，要增加洒水冲洗及喷雾抑尘频次。

（3）推进工业企业治理。一是推动区域产业升级，迁出监测站周边范围内经济效益差、治理措施不到位的高污染排放企业；二是以涂料生产、喷涂行业和塑料制品制造为重点，全面启动涉 VOCs 重点企业治理；安装 VOCs 自动监测系统，加强污染监管。

（4）加强机动车污染防控。一是严控柴油车辆行驶区域，二是考虑监测站周边划定单行线路，有效交通疏导。

## 2. 建议

充分运用科技手段，支撑精细化管理。一是加强污染来源动态解析工作，分时段对全区域范围尤其是监测站周边的污染源进行调查及解析；二是建立大气污染源动态更新管理机制，构建综合管理信息平台；三是加强异常数据及重污染天气研判及预警技术支撑，及时采取针对性措施。

# 第7章　建议与展望

本书前面的章节针对城市高分辨率大气污染源排放清单编制技术方法做了介绍，并对城市尺度清单建立的具体实施通过案例进行了详细解读。以上内容为作者团队在清单编制实践中对工作开展实施过程中的相关经验进行总结凝练出来的。以期对我国全面系统开展城市尺度排放源清单编制工作有所助益，但受工作开展的局域性限制，相关技术方法难免有不足之处，距离能够全面详尽地指导城市高分辨率清单编制工作尚有一定距离。

城市高分辨排放源清单作为城市尺度高度细化的污染源排放数据库，为空气质量模型提供输入数据的同时，更成为城市污染防控精细化管理的有力抓手。但是，如何提高清单编制的规范性、可靠性、系统性，如何提高清单数据的精细化程度，为环境管理提供一手的决策依据，成为当前我国空气质量管理工作中最为迫切的任务之一。清单编制研究在排放源分类体系、本地化排放因子库建立、本地化成分谱库建立、活动水平获取、清单动态更新等方面上存在许多亟需解决的问题。本章根据作者团队在清单编制实践中的经验、教训，以及清单研究中发现的问题，提出了一些展望及建议，供大家讨论和参考。

（1）排放源分类体系的规范化。排放源分类是开展清单研究工作的基础，作为清单编制工作的整体设计，其合理与否，关系到后续排放源测试、排放因子库建立、活动水平获取、化学成分谱数据库建立等一系列工作开展的实施效果。因而，一个科学合理的排放源分类有助于确保污染源识别的全面性以及排放源清单研究工作的系统性。目前，我国尚缺乏统一的污染源分类标准，难以满足高分辨率清单时间、空间、化学成分谱精细化处理的相关要求。建立全面系统的排放源分类体系是我国清单研究的当务之急和重点所在。作者团队根据污染源调研情况，对排放源分类体系作出了自己的尝试和探索，确立了一套较适合于城市尺度排放源清单开发的分类体系。这些工作可能对相关部门开展排放源清单研究工作提供帮助和参考，然而由于作者团队研究范围的局限性，必然存在一些有待商榷之处。建议由国家层面牵头，根据国际宏观管理控制需求，确定统一、全面、规范的污染源分类标准。

（2）本地化排放因子、成分谱数据库的建立。目前我国尚未建立排放因子及成分谱数据测试的相关技术体系，现有排放因子及成分谱数据多数为零散的研究，缺乏全面系统的研究。排放因子和成分谱数据的建立中，污染源的监测技术及方法标准化、规范化是相关本地化测试工作开展的基础。而在我国尚未建立针对$PM_{2.5}$、$PM_{10}$等非常规污染物的监测标准，各研究团队所用仪器、方法都存在一定差异，无法保证测试结果的规范性。作者团队清单编制实践中，针对本地化测试工作开展了大量的试验，特别是针对固定源$PM_{2.5}$、超净烟气下PM、固定源VOCs、机动车尾气测试、扬尘等领域，建立一套相对完善的监测技术体系，且研发完成固定源高湿度烟气细颗粒物采集装置。为我国排放因子、成分谱本地化测试技术体系的建立提供了技术参考，为我国排放因子、成分谱数据库的建立提供了丰富的试验资料。建议尽快完善我国污染源测试体系，建立统一的测试标准规范，并组织国内优势科研单位，开展国家排放因子库和化成成分谱数据库搭建工作。

（3）活动水平获取途径与统计口径的规范化。活动水平数据是清单编制的底层数据，如何科学有效地从相关部门获取活动水平数据，是开展污染源排放量化表征工作的前提。目前，我国环境及污染源相关统计均服务于总量减排等管理活动，相关的政府报告和年鉴也未将污染源排放清单建立所需要的数据纳入统计口径中，部分数据如交通相关数据等更是散落在各职能部门。作者研究团队在清单编制实践中，对清单活动水平数据的获取途径进行了探索，确定了污染源活动水平数据的调研获取途径和实地调查方案，可为其他团队开展活动水平获取提供参考。除了加强活动水平数据来源规范化的要求，排放源清单研究团队需了解相关政府管理部门数据收集与统计口径的特征。并建议将排放源清单编制过程中不可获取且未纳入现行统计的数据纳入统计范畴。

（4）排放源清单动态更新机制的建立。近年来，环境污染问题受到政府和民众的高度重视，中央政府和部委出台了前所未有的严格政策法规，地方政府也采取了严厉的控制措施，以期改善环境空气质量。随着各种环境管理措施的实施，现阶段我国污染源变动较大。为保证清单的时效性，清单动态更新机制的建立十分必要。因此，作者研究团队开发了"城市高分辨率大气污染源排放清单平台"，依托此平台，可实现清单产品的快速开发，并可依托此平台推广清单动态更新机制。建议在全国范围内，以"清单开发工具"形式推广全面系统化清单开发工作，以推进清单业务化开展和动态更新。

# 参考文献

[1] USEPA，2014. AP-42. Compilation of Air Pollutant Emission Factors [EB/OL]. http：//www.epa.gov/otaq/ap42.htm.

[2] 贺克斌，余学春，陆永祺，等，2003. 城市大气污染物来源特征[J]. 城市环境与城市生态，16（6）：269-271.

[3] 郑君瑜，张礼俊，钟流举，等，2009. 珠江三角洲大气面源排放清单及空间分布特征[J]. 中国环境科学，29（5）：455-460.

[4] 杨杨，杨静，尹沙沙，等，2013. 珠江三角洲印刷行业 VOCs 组分排放清单及关键活性组分[J]. 环境科学研究，26（3）：326-333.

[5] 杨利娴，2012. 我国工业源 VOCs 排放时空分布特征与控制策略研究[D]. 广州：华南理工大学.

[6] 魏巍，2009. 中国人为源挥发性有机化合物的排放现状及未来趋势[D]. 北京：清华大学。

[7] 国家环境保护总局，2007. 固定污染源烟气排放连续监测技术规范（试行）：HJ/T 75—2007[S]. 北京：中国环境科学出版社.

[8] 国家环境保护总局，2007. 固定污染源烟气排放连续监测系统技术要求及检测方法（试行）：HJ/T 76—2007[S]. 北京：中国环境科学出版社.

[9] 国家环境保护总局，国家技术监督局，1996. 固定污染源排气中颗粒物测定与气态污染物采样方法：GB/T 16157—1996[S]. 北京：中国标准出版社.

[10] 国家环境保护总局，2001. 燃煤锅炉烟尘和二氧化硫排放总量核定技术方法——物料衡算法（试行）：HJ/T 69—2001[S]. 北京：中国标准出版社.

[11] 中国煤炭工业协会，2008. 煤的工业分析方法：GB/T 212—2008[S]. 北京：中国标准出版社.

[12] 环境保护部，2011. 国控污染源排放口污染物排放量计算方法[EB/OL]. [2011-01-25]. http：

//www.mep.gov.cn/gkml/hbb/bgt/201102/t20110211_200547.htm.

[13] U.S.Environmental Protection Agency, 2010. NONROAD Model（nonroad engines, equipment, and vehicles） [EB/OL]. http：//www.epa.gov/otaq/nonrdmdl.htm.

[14] 环境保护部，国家质量监督检验检疫总局，2014. 非道路移动机械用柴油机排气污染物排放限值及测量方法（中国第三、四阶段）：GB 20891—2014[S]. 北京：中国环境科学出版社.

[15] 环境保护部，国家质量监督检验检疫总局，2011. 非道路移动机械用小型点燃式发动机排气污染物排放限值及测量方法（中国第一、二阶段）：GB 26133—2010[S]. 北京：中国环境科学出版社.

[16] 第九届全国人民代表大会，2015. 中华人民共和国大气污染防治法（2015 年修订）[M]. 北京：法律出版社.

[17] 环境保护部，2014. 非道路移动源大气污染物排放清单编制技术指南（试行）[EB/OL]. [2015-01-13]. http://www.mep.gov.cn/xxgk/hjyw/201501/t20150113_294091.htm.

[18] 环境保护部，2015. 扬尘源颗粒物排放清单编制技术指南（试行）[EB/OL]. [2015-01-13]. http://www.mep.gov.cn/xxgk/hjyw/201501/t20150113_294091.htm.

[19] 环境保护部，2014. 大气挥发性有机物源排放清单编制技术指南（试行）[EB/OL]. [2015-01-13]. http://www.mep.gov.cn/xxgk/hjyw/201501/t20150113_294091.htm.

[20] 环境保护部，2014. 大气氨源排放清单编制技术指南（试行）[EB/OL]. [2015-01-13]. http://www.mep.gov.cn/xxgk/hjyw/201501/t20150113_294091.htm.

[21] 环境保护部，2014. 生物质燃烧源大气污染物排放清单编制技术指南（试行）[EB/OL]. [2015-01-13]. http://www.mep.gov.cn/xxgk/hjyw/201501/t20150113_294091.htm.

[22] 环境保护部，2014. 大气可吸入颗粒物一次源排放清单编制技术指南（试行）[EB/OL]. [2015-01-13]. http://www.mep.gov.cn/xxgk/hjyw/201501/t20150113_294091.htm.

[23] 环境保护部，2014. 大气细颗粒物一次源排放清单编制技术指南（试行）[EB/OL]. [2015-01-13]. http://www.mep.gov.cn/xxgk/hjyw/201501/t20150113_294091.htm.

[24] 环境保护部，2014. 道路机动车大气污染物排放清单编制技术指南（试行）[EB/OL]. [2015-01-13]. http://www.mep.gov.cn/xxgk/hjyw/201501/t20150113_294091.htm.

[25] 国家技术监督局，1998.中国气候区划名称与代码气候带和气候大区[M]. 北京：中国标准出版社.

[26] 张强，Zbigniew Klimont，David G.Streets，等，2006. 中国人为源颗粒物排放模型及2001年排放清单估算[J]. 自然科学进展，16（2）：223-231.

[27] Corbett J J，Koehler H W，2003. Updated emissions from ocean shipping. Journal of geophysical research，108（D20）4650-4667.

[28] 郑君瑜，王水胜，黄志炯，等，2014. 区域高分辨率大气排放源清单建立的技术方法与应用[M]. 北京：科学出版社.

[29] 宁文涛，赵善伦，2012. 东亚地区生物源异戊二烯排放的估算[J]. 绿色科技，（4）：209-212.

[30] 池彦琪，谢绍东，2012. 基于蓄积量和产量的中国天然源VOC排放清单及时空分布[J]. 北京大学学报（自然科学版），48（3）：475-482.

[31] 宋媛媛，张艳燕，王勤耕，等，2012. 基于遥感资料的中国东部地区植被VOCs排放强度研究[J]. 环境科学学报，32（9）：2216-2227.

[32] 杨丹菁，白郁华，李金龙，等，2001. 珠江三角洲地区天然源碳氢化合物的研究[J]. 中国环境科学，21（5）：422-426.

[33] Wang Z H，Bai Y H，Zhang S Y，et al.，2003. A biogenic volatile organic compounds emission inventory for Beijing[J]. Atmospheric Environment，37（27）：3771-3782.

[34] 郑君瑜，郑卓云，王兆礼，等. 2009. 珠江三角洲天然源VOCs排放量估算及时空分布特征[J]. 中国环境科学，29（4）：345-350.

[35] 闫雁，王志辉，白郁华，等，2005. 中国植被VOC排放清单的建立[J]. 中国环境科学，25（1）：110-114.

[36] 吴莉萍，翟崇治，周志恩，等，2013. 重庆市主城区挥发性有机物天然源排放量估算及分布特征研究[J]. 三峡环境与生态，（4）：12-15.

[37] Guenther A，Hewitt C N，Erickson D，et al.，1995. A global model of natural volatile organic compound emission[J]. Journal of Geophysical Research，143（2-3）：8875-8892.

[38] 陈颖，叶代启，刘秀珍，等，2012. 我国工业源VOCs排放的源头追踪和行业特征研究[J]. 中国环境科学，32（1）：48-55.

[39] 沈旻嘉，郝吉明，王丽涛，2006. 中国加油站VOC排放污染现状及控制[J]. 环境科学，27（8）：1473-1478.

[40] 朱松丽，2004. 发展中国家农村民用炉灶的温室气体和污染物排放因子研究[J]. 可再生能源，（2）：16-19.

[41] Bhattacharya S C，Slam P A，Sharma M，et al.，1997. Emission from biomass energy use in some selected Asian countries[R]. AIT research report.

[42] Bhattacharya S C，Sala P A.，2002. Low greenhouse gas biomass options for cooking in the developing countries[J]. Biomass and Bioenergy，22（4）：305-317.

[43] 李兴华，王书肖，段雷，等，2011. 我国生物质燃烧大气污染物排放特征[C]. 中国大气环境科学与技术大会.

[44] Li X H，Wang S X，Duan L，et al.，2007. Particulate and trace gas emission from open burning of wheat straw and corn stover in China[J]. Environmental Science and Technology. 41（17）：6052-6058.

[45] Andreae M Q，Merlet P，2001. Emission of trace gases and aerosols from biomass burning[J]. Global Biogeochemical Cycles，15（4）：955-966.

[46] 国家环境保护总局，2007. 固定源废气监测技术规范：HJ/T 397—2007[S]. 北京：中国环境科学出版社.

[47] 国家环境保护总局，2000. 固定污染源排气中二氧化硫的测定　定电位电解法：HJ/T 57—2000[S]. 北京：中国环境科学出版社.

[48] 国家环境保护总局，2000. 固定污染源排气中二氧化硫的测定　碘量法：HJ/T 56—2000[S]. 北京：中国环境科学出版社.

[49] 环境保护部，2014. 固定污染源废气　氮氧化物的测定　定电位电解法：HJ 693—2014[S]. 北京：中国环境科学出版社.

[50] 环境保护部，2014. 固定污染源废气　氮氧化物的测定　非分散红外吸收法：HJ 692—2014[S]. 北京：中国环境科学出版社.

[51] 国家环境保护总局，1999. 固定污染源排气中氮氧化物的测定　紫外分光光度法：HJ/T 42—1999[S]. 北京：中国环境科学出版社.

[52] 国家环境保护总局，1999. 固定污染源排气中氮氧化物的测定　盐酸萘乙二胺分光光度法：HJ/T 43—1999[S]. 北京：中国环境科学出版社.

[53] 国家环境保护总局，1999. 固定污染源排气中一氧化碳的测定　非分散红外吸收法：HJ/T 44—1999[S]. 北京：中国环境科学出版社.

[54] 环境保护部，2009. 环境空气和废气　氨的测定　纳氏试剂分光光度法：HJ/ 533—2009[S]. 北京：中国环境科学出版社.

[55] 环境保护部，2011. 环境空气　$PM_{10}$ 和 $PM_{2.5}$ 的测定　重量法：HJ/ 618—2011[S]. 北京：中国环境科学出版社.

[56] International Organization for Standardization，2013. Stationary source emission-Test method for determining $PM_{2.5}$ and $PM_{10}$ mass in stack gases using cyclone samplers and sample dilution.

[57] US EPA，2012. EPA Method 201A Determination of $PM_{10}$ and $PM_{2.5}$ emissions from stationary sources（Constant sampling rate procedure）.

[58] US EPA，2010. EPA Method 202 Dry impinger method for determining condensable particulate emissions from stationary sources.

[59] International Organization for Standardization，2009. Stationary sources emission-Determination of $PM_{10}$ and $PM_{2.5}$ mass concentration in flue gas-measurement at low concentrations by use of impactors.

[60] 环境保护部，2014. 固定污染源废气　挥发性有机物的采样　气袋法：HJ 732—2014[S]. 北京：中国环境科学出版社.

[61] 环境保护部，2014. 固定污染源废气　挥发性有机物的测定　固相吸附-热脱附/气相色谱-质谱法：HJ 734—2014[S]. 北京：中国环境科学出版社.

[62] 国家环境保护总局，2007. 固定污染源监测质量保证与质量控制技术规范（试行）：HJ/T 373—2007[S]. 北京：中国环境科学出版社.

[63] 天津市环境保护局，天津市质量技术监督局，2003. 锅炉大气污染物排放标准：DB 12/151—2016[S].

[64] 国家环境保护总局，1999. 锅炉烟尘测试方法：GB 5468—91[S]. 北京：中国环境科学出版社.

[65] 耿春梅，陈建华，王歆华，等，2013. 生物质锅炉与燃煤锅炉颗粒物排放特征比较[J]. 环境科学研究，26（6）：666-671.

[66] 周楠，曾立民，于雪娜，等，2006. 固定源稀释通道的设计和外场测试研究[J]. 环境科学学报，26（5）：764-772.

[67] 郝吉明，段雷，易红宏，等，2008. 燃烧源可吸入颗粒物的物理化学特征[M]. 北京：科学出版社.

[68] 王书肖，赵秀娟，李兴华，等，2009. 工业燃煤链条炉细粒子排放特征研究[J]. 环境科学，

30（4）：963-968.

[69] 赵斌，马建中，2008. 天津市大气污染源排放清单的建立[J]. 环境科学学报，28（2）：368-375.

[70] 国家环境保护总局，2007. 防治城市扬尘污染技术规范：HJ/T 393—2007[S]. 北京：中国环境科学出版社.

[71] 国家环境保护总局，2004. 土壤环境监测技术规范：HJ/T 166—2004[S]. 北京：中国环境科学出版社.

[72] 中国环境监测总站，2014. 环境空气颗粒物源解析监测技术方法指南（试行）[EB/OL]. [2014-01-27]. http://www.cnemc.cn/publish/totalWebSite/news/news_39859.html.

[73] 环境保护部，国家质量监督检验检疫总局，2012. 环境空气质量标准：GB 3095—2012[S]. 北京：中国环境科学出版社.

[74] 环境保护部，2013. 环境空气质量评价技术规范：HJ 663—2013[S]. 北京：中国环境科学出版社.